普通高等教育"十二五"规划教材

示范院校重点建设专业系列教材

电力工程管理

主　编　蒋云怒

副主编　郑嘉龙　李艳君

主　审　杨中瑞

中国水利水电出版社

www.waterpub.com.cn

内 容 提 要

本教材内容包括电力工程概预算、电力工程监理、电力工程项目管理三个项目。项目一包括电力工程概预算概论、电力工程招投标及电力工程概预算编制；项目二包括概述、做法及要点、质量评定验收；项目三包括电力工程项目管理、电力工程项目时间管理、电力工程项目成本管理、电力工程项目质量管理和电力建设工程合同管理等内容。

本教材可作为高等专科电力工程类专业的教材，也可作为高等学校成人教育、电力职工大学等其他高等院校电气管理类各专业的教学用书，同时也可用供电力工程项目管理、监理人员参考使用。

图书在版编目（ＣＩＰ）数据

电力工程管理 / 蒋云怒主编. -- 北京 ：中国水利
水电出版社，2014.9（2023.11重印）
普通高等教育"十二五"规划教材. 示范院校重点建
设专业系列教材
ISBN 978-7-5170-2536-8

Ⅰ．①电… Ⅱ．①蒋… Ⅲ．①电力工程－工程施工－
高等学校－教材 Ⅳ．①TM7

中国版本图书馆CIP数据核字(2014)第218867号

书 名	普通高等教育"十二五"规划教材 示范院校重点建设专业系列教材 电力工程管理
作 者	主编 蒋云怒 副主编 郑嘉龙 李艳君 主审 杨中瑞
出版发行	中国水利水电出版社 (北京市海淀区玉渊潭南路1号D座 100038) 网址：www.waterpub.com.cn E-mail：sales@mwr.gov.cn 电话：(010) 68545888（营销中心）
经 售	北京科水图书销售有限公司 电话：(010) 68545874、63202643 全国各地新华书店和相关出版物销售网点
排 版	中国水利水电出版社微机排版中心
印 刷	北京市密东印刷有限公司
规 格	184mm×260mm 16开本 11印张 261千字
版 次	2014年9月第1版 2023年11月第4次印刷
印 数	5501—7500册
定 价	**36.00**元

四川水利职业技术学院电力工程系
"示范院校建设" 教材编委会名单

冯黎兵　杨星跃　蒋云怒　杨泽江　袁兴惠　周宏伟

韦志平　郑　静　郑　国　刘一均　陈　荣　刘　凯

易天福　李奎荣　李荣久　黄德建　尹自渊　郑嘉龙

李艳君　罗余庆　谭兴杰

杨中瑞（四川省双合教学科研电厂）

仲应贵（四川省送变电建设有限责任公司）

舒　胜（四川省外江管理处三合堰电站）

何朝伟（四川兴网电力设计有限公司）

唐昆明（重庆新世纪电气有限责任公司）

江建明（国电科学技术研究院）

刘运平（宜宾富源发电设备有限公司）

肖　明（岷江水利电力股份有限公司）

前言

　　本教材是应专业建设要求，在四川水利职业技术学院电力工程系"示范院校建设教材编委会"的组织和指导下，由四川水利职业技术学院电力工程系组织编写。本教材是电气类专业的一本主要专业教材，其内容主要包括了电力工程概预算、电力工程监理、电力工程项目管理三部分。

　　本教材以职业岗位能力要求为依据，在对电力建设项目中的预算、施工、监理、管理等工作岗位进行广泛调研的基础上，按照"以项目为载体、任务驱动、教学做一体"的编写思路，将每个项目按照项目式教学进行内容编排，包括项目目的、项目任务、任务分析、任务实施和项目评价等，尽量让学习内容与实际建设项目相结合。教材中文字力求简炼，通俗易懂，并在每个任务后面配有拓展知识。

　　本教材由四川水利职业技术学院电力工程系蒋云怒任主编，郑嘉龙、李艳君任副主编，四川省双合教学科研电厂杨中瑞同志担任主审。教材在编写过程中得到了四川省送变电公司仲应贵、向兴林同志的大力帮助和支持，部分章节内容参考了中水集团所属多家电力建设、安装公司的相关技术资料和相关文献，在此一并表示诚挚的谢意。

　　由于编者水平有限，时间仓促，书中难免存在不足之处，敬请广大读者批评指正，以便修订时改进。

编者

2014 年 5 月

项目二 电 力 工 程 监 理

项目三 电力工程项目管理

附　　录

绪　　论

一、课程的性质与作用

本课程是电力专业的一门专业选修课。一方面通过项目式的学习，使学生获得必要的电力工程概预算、电力工程监理、电力工程相关管理等方面的知识和方法；另一方面为学生学习和掌握后续的专业知识和专业技能奠定基础。

本课程是培养学生职业素质的重要课程。

二、课程的主要内容及培养目标

1．能力目标

（1）具备电力建设项目工程量计算的能力。

（2）具备定额使用的能力。

（3）初步具备编制电力工程概预算的工作能力。

（4）具有搜集、查阅和处理资料的能力。

2．知识目标

（1）能够掌握电力工程造价计算的一般规律和法则。

（2）能够套用工程定额，计算建设工程费用。

（3）了解电力工程监理、合同管理、项目管理等方面的内容。

3．素质目标

（1）培养学生具有工程管理人员所应有的职业道德。

（2）培养学生具有自主学习的能力、实事求是的态度、严谨有序的工作作风。

（3）培养学生具有诚实、守信、善于沟通的品质和团队意识以及创新精神。

（4）培养学生具有分析问题、解决问题的能力。

（5）培养学生具有良好的心理素质、高度的社会责任感，以满足职业岗位的需要。

三、课程的教法学法

1．案例教学

案例教学，是一种开放式、互动式的新型教学方式。通常，案例教学要经过事先周密的策划和准备，要使用特定的案例并指导学生提前阅读，要组织学生开展讨论或争论，形成反复的互动与交流；并且，案例教学一般要结合一定理论，通过各种信息、知识、经验、观点的碰撞来达到启示理论和启迪思维的目的。在案例教学中，所使用的案例既不是编出来讲道理的故事，也不是写出来阐明事实的事例，而是为了达成明确的教学目的，基于一定的事实而编写的故事，它在用于课堂讨论和分析之后会使学生有所收获，从而提高学生分析问题和解决问题的能力。

2. 讲练结合

以学生为主体，以教师为主导，充分调动学生学习的积极性和主动性，使课堂教学气氛紧张活跃，充满生机和活力。使学生在课堂学习中能够抓住重点和关键，集中注意力进行思考，有利于培养能力，有利于提高课堂教学的效果。

3. 自学辅导

"自学"是指学生发挥主观能动性，运用已掌握的知识，自己独立地获取知识；"辅导"是指教师将具有逻辑意义的教材同学生已有认知结构联系起来，使其融会贯通，并使学生采取和保持相应的学习心态进行学习。也就是学生在老师的指导下，运用科学的思维方法和学习心理规律，以教材为依据、借助参考资料、工具书等。学生独立或半独立地掌握新的知识，获得技能的课堂教学。该方法是将学生自学与教师辅导有机结合的一种教学方法。这种方法的主要特点，是把"学"放在教学过程的中心位置，寓"导"于"学"，教学相长。使学生在获取知识的同时，掌握学习的方法，培养和提高自学能力。它的实质，就是让学生学会如何学习。

4. 分组讨论

教师根据学生专业知识起始能力情况，将全班在完成集中讲授后分组练习，指派组长，告知组长责任、组员与组员之间的协作配合关系；对难点和重要掌握技能进行问题设置，启发学生的思维及技能点提示，引导各小组成员协作讨论，由小组提出方案或思路，激发学习的兴趣和积极性，培养学生综合分析问题及解决问题的能力，增强了学生团队协作和竞争意识，提高专业技能，培养学生的社会能力。

四、项目简介

以企业岗位和日常生活需要设计教学内容，以培养可持续发展能力为目标选择项目载体，基于工作过程重构教学内容和教学过程，以职业成长规律和认知规律序化教学内容。共设计了三个学习项目——电力工程概预算、电力工程监理和电力工程相关管理。其中每一个学习项目又展开了几个学习任务。三个学习项目共同完成对课程目标和内容的表述。

五、标准及重要性

本课程可以强化学生的经济概念，使学生懂得电力工程建设概预算的原理及电力建设项目费用的构成，并掌握具体的电力工程概预算的方法及文件编制，同时了解工程监理的内容、措施和程序以及建设工程项目管理和合同管理的基本内容。

项目一　电力工程概预算

【项目分析】

本项目主要包括两个方面的内容：电力工程概预算和项目招投标。项目开始介绍电力工程概预算的基本概念，紧接着是项目招投标的相关内容，最后详细分解电力工程概预算部分。本项目的重点和难点有工程量确定、定额的使用、招标和投标的过程控制等。

【培养目标】

掌握电力工程概预算、招投标的基本概念。了解电力工程招投标的实施步骤及过程中的注意点。初步具备编制电力工程概预算的能力和参与编制招标书、投标书的能力。

任务一　电力工程概预算概论

【任务描述】

掌握概预算的基础知识，包括了解概预算的由来，熟悉基本建设的知识，掌握建设项目的概念，了解建筑及安装工程的类别，理解工程建设的定额；了解概预算在工程项目建设中的重要作用。

【任务分析】

（1）了解概预算在我国的产生及发展情况以及西方国家概预算的发展历程。

（2）熟悉列举基本建设的含义，基本建设的内容，基本建设的类型，基本建设的作用，基本建设的程序，熟悉基本建设相关的知识。

（3）掌握建设项目的定义，建设项目的基本特征，建设项目应满足的要求，建设项目的组成，清楚建设项目的概念。

（4）通过建筑工程类别的划分及说明，安装工程的类别划分，了解建筑及安装工程的类别。

（5）掌握工程建设定额的定义，列举工程建设定额的分类，理解工程建设的定额的内容。

【任务实施】

一、概预算的由来

"赚钱不赚钱，全凭预算员"，这话虽然偏颇，但也说明了概预算在工程建设中的重要作用。准确的概预算可以使建设方为建设项目的资金准备、工程规模、人员使用、工期准备提供重要的依据，为工程建设准备合理的人力、物力、财力，做到有的放矢；招投标时，准确的概预算对甲方选择合适的施工队伍、乙方中标都有决定性的作用；对施工企业来说准确的概预算可以为施工企业编制施工计划，安排生产、进行施工准备的依据。

（一）我国古代的概预算

1. 一块砖的传说

相传，明代弘治年间，有兵备道（古代官名）李端澄负责修建嘉峪关长（关）城。当时的嘉峪关是荒芜之地，曾有"风吹石头跑，地上不长草，天上无飞鸟，山头似孤岛"的说法。要在这样一个不毛之地建造关城，难度可想而知。李端澄招募了数百名能工巧匠，一位名叫易开占的工程师提出要想节省材料必须先绘出整个关城的图样，根据图样再制作出小模型，然后按比例放大，就会精确地计算出全部用料。易开占经过运算，算出关城全部用砖共 999999 块。李端澄如数给了易开占预算的砖块。有人不相信易开占能够如 此计算精准，偷偷藏了一块砖，准备在工程结束时找个说法。没想到，工程收尾时，偏偏少了一块砖，李端澄一看相差不大，也没怎么计较，另找了一块砖补上了。藏砖的人被感动了，不得不拿出这块砖并说明情况。参与筑关的人员震惊了！作为对奇迹的补偿和展示，人们特意将这块砖放在"会极"门楼的檐台上，以求永世的纪念。这就是一块砖的美丽传说，它反映了当时我国工匠达到的高超的技艺水平。

2. 唐宋时期的概预算

据史料记载，我国自唐朝起，就有国家制定相关建筑事业的规范。在《大唐六典》中有这类条文。当时按四季日照的长短，把劳动定额分为中工（春、秋）、长工（夏）、短工（冬）。工值以中工为准，长工短工各增减 10%。每一工种按照等级、大小和质量要求以及运输距离远近计算工值。这些规定为编制预算和施工组织订出了严格的标准，便于生产也便于检查。宋初，在继承和总结古代传统的基础上，由北宋建筑家喻皓著述的《木经》问世。大约 100 年以后，被誉为"中国古代建筑宝典"的《营造法式》由李诫编修成书，这是由国家制定的一部建筑工程定额。《营造法式》将工料限量与设计、施工、材料结合起来的做法，流传于后，经久可行。清代初期，经营建筑的国家机关，又分设了"样房"和"算房"。样房负责图样设计，算房则专门负责施工预算。这样，定额的使用范围扩大，定额的功能有所增加。

（二）新中国成立后的概预算

在新中国成立后 20 世纪 50 年代中期到 90 年代初期，我国属于计划经济体制，国家是主要的投资主体，国家既是业主又是承包商，钱等于从国家的左边口袋掏出来放到右边口袋，业主和承包商的利益是一致的。因此，当时我国的概预算制度采用的是从前苏联引进并消化吸收的工程概预算制度，由政府统一制定预算定额与单价，因此工程造价的确定主要是按设计图及统一的工程量计算规则计算工程量，并套用统一的预算定额和单价，计算出工程直接费，再按照规定计算间接费及有关费用，最终确定工程的预算造价，并在竣工后编制出结、决算造价，经审核后的即为工程的最终造价。

改革开放后，尤其是 20 世纪 80 年代后期，由邓小平创立的社会主义市场经济确立，打破了长期以来的照搬苏联模式，我国的基本建设体制发生了重大变化，其中重要标志是：首先投资主体多元化，国家已不再是唯一的投资主体；其次是大量乡镇企业和个体承包商队伍崛起，使得传统计划经济时代格局被打破，业主和承包商的利益成为了一对矛盾。于是，我国开始逐步借鉴西方的概预算方法。

（三）西方的概预算

西方的工程量清单法始于英国。在 18 世纪末 19 世纪初，英国的建筑业是建筑师负责项目设计、工程量计算并负责组织项目施工。这段时间里，由于工业革命的影响，建筑技术也得到了快速发展，建筑师领域里出现了分化：一部分设计方面突出的建筑师专门进行工程设计，成为设计方；另一部分施工方面突出的建筑师专门进行项目施工，成为项目承包商，从而形成了设计和施工的分离。

对于工程的计价，是由设计方提供工程量清单（Bill of Quantity），然后根据工程量，再乘以合理的单价，确定工程所需的造价，结算工程款就是根据这个造价。但是，承包商对建筑师提供的工程量清单不信任，开始雇佣自己的工程量核算人员，对建筑师提出的各项工程量清单进行核对，这一做法将因为利益驱动导致承包商自己计算的工程量增大。这种情况导致社会对双方都不信任，这就迫切需要利益第三方——专业造价师的出现，来提供双方都认可的工程量以及工程造价。在 1830 年，英国立法推出总承包制，工程开工前承包商之间进行价格竞争和以总价合同为基础的招标，由第三方的专业人士计算工程量，以便各承包商在同一张工程量清单（BQ）上报价。以后，英国又通过了一系列的立法，进一步确立了造价工程师的地位。这就是英国的工程量清单法的来历。

（四）我国的现状

随着国际经济一体化以及我国加入 WTO 后建筑市场的开放，我们面临国外建筑业进入我国的竞争压力，以及我国建筑企业进军国际市场的要求，所以，工程量清单法在我国逐渐地开展起来。

二、基本建设

（一）基本建设的概念

1. 基本建设的含义

基本建设是指社会主义国民经济中投资进行建筑、购置和安装固定资产以及与此相联系的其他经济活动。说明了社会主义经济中基本的、需要耗用大量资金和劳动的固定资产的建设，用以区别流动资产投资和形成的过程。

2. 基本建设的内容

（1）建筑安装工程。包括各种土木建筑、矿井开凿、水利工程建筑、生产、动力、运输、实验等各种需要安装的机械设备的装配以及与设备相连的工作台等装设工程。

（2）设备购置，即购置设备、工具和器具等。

（3）勘察、设计、科学研究实验、征地、拆迁、试运转、生产职工培训和建设单位管理工作等。

3. 基本建设的类型

（1）按建设的性质分为新建项目、扩建项目、改建项目、迁建项目和恢复项目。

新建项目是从无到有、平地起家的建设项目。

扩建和改建项目是在原有企业、事业、行政单位的基础上，扩大产品的生产能力或增加新的产品生产能力，以及对原有设备和工程进行全面技术改造的项目。

迁建项目是原有企业、事业单位，由于各种原因，经有关部门批准搬迁到另地建设的项目。

恢复项目是指对由于自然、战争或其他人为灾害等原因而遭到毁坏的固定资产进行重建的项目。

（2）按建设的经济用途分为生产性基本建设和非生产性基本建设。

生产性基本建设是用于物质生产和直接为物质生产服务的项目建设，包括工业建设、建筑业和地质资源勘探事业建设和农林水利建设。

非生产性基本建设是用于人民物质和文化生活项目的建设，包括住宅、学校、医院、托儿所、影剧院以及国家行政机关和金融保险业的建设等。

（3）按建设规模分类：按建设规模和总投资的大小，可分为大型、中型、小型建设项目。总投资在 2000 万元人民币及以上为大型项目，500 万元人民币及以上为中型，100 万元人民币及以上为小型，10 万元人民币及以上为零星工程。

4．基本建设的作用

（1）实现社会主义扩大再生产。为国民经济各部门增加新的固定资产和生产能力，对建立新的生产部门，调整原有经济结构，促进生产力的合理配置，提高生产技术水平等具有重要的作用。

（2）改善和提高人民的生活水平。在增强国家经济实力的基础上，提供大量住宅和科研、文教卫生设施以及城市基础设施，对改善和提高人民的物质文化生活水平具有直接的作用。

（二）基本建设程序

基本建设程序是基本建设项目的前期决策到设计、施工、竣工验收、投产这一过程的程序。

根据国民经济长远规划和布局要求，初步提出建设项目；对建设项目进行可行性研究；提出建设项目计划任务书；选定建设地点；待计划任务书批准后，勘察设计，购置设备，组织施工，生产准备直至竣工验收支付使用。

基本建设程序分三个阶段：前期论证阶段，落实施工阶段，竣工验收、投产阶段。

1．前期论证阶段

（1）编制项目建议书。包括：立项的必要性、依据、理由；拟建规模和建设地点的初步设想，即立项产品、规模、经济效益、社会效益等投资估算和资金筹措设想，远景规划和近期计划，工程进度计划等。

（2）可行性研究。可行性研究是工程项目的关键，其内容有：论证投资的必要性和经济收益；市场供求调查数据分析，确定项目规模产值；原材料来源、能源供应的可靠性；环境保护投资和治理三废的方法等；成本估算和结论。

（3）可行性研究报告审批。编制完成的项目可行性研究报告，需有资格的工程咨询机构进行评估并通过，按照现行的建设项目审批权限进行报批。可行性研究报告经批准后，不得随意修改和变更。如果在建设规模、产品方案、建设地点、主要协作关系等方面确需变动以及突破控制数时，应经原批准机关同意。经过批准的可行性研究报告，是确定建设项目，编制设计文件的依据。

（4）设计任务书。它是确定工程方案的纲领性文件。包括：建设目的和依据；投资估算和建设工期；建设规模、产品方案、经济管理纲领、生产方式及工艺要求；矿产资源、水文地质及工程地质情况；原材料、水、电能源、运输条件；三废处理及环保措施；人员编制、组织结构；经济效益和扩大再生产的能力情况；主要协作单位情况等。申报设计任务书需有以下附件：可行性报告；有关意向性协议；总平面布置设想图；资金来源及筹措情况；环保、劳保、防疫部门审查意见等。

（5）工程设计。目前，设计分为初步设计和施工图设计两个阶段，只有技术复杂又缺乏经验的项目主管部门才指定增加技术设计阶段。

初步设计的目的是确定项目在指定的地点和规定的期限内进行建设的可能性、合理性，在技术和经济上进行合理规划安排，作出基本技术规定，确定总的建设费用，以谋求最好的经济效益。

技术设计是决定初步设计所采用的建筑结构形式、工艺过程等技术问题，并补充和修正初步设计，同时作出修正总概算。

施工图设计是在初步设计被批准后，更加具体、精确地进行建筑安装、管道敷设等设计，按建筑、结构、电力、水暖等不同专业分工协作出图，同时编写设计概算书。其主要内容有建筑平、立、剖面图，结构平面布置图和建筑结构详图；设备专业的平面图、特殊部位的剖面图、工艺流程图、详图等。

2. 落实施工阶段

（1）施工准备。建设单位组织招投标，选择施工单位。签订承发包合同，到规划部门领取建设工程许可证；会审图纸；组建或调整施工队伍；组织设计交底和施工交底；会审概预算；设备订货；征地、拆迁、搞三通一平。用电量超过 50kW 的工地要做施工组织供电设计。

（2）组织施工。按不同专业工种配合施工，如土木施工各班组、电力设备安装工种、水暖设备安装工种、工业管道及机械设备安装工种。施工方式可采用大包干，即包投资总额、包工期、包不降低设备生产能力，一般不得再次分包。只有专业性较强的分项工程才转包给专业施工队伍。

3. 竣工验收、投产阶段

竣工验收一般分为单项工程验收和全面工程验收。大致的步骤是：初步验收；由业主出面组织设计单位、施工单位进行初步验收，提出验收报告，并整理技术资料存档；全面竣工验收；结算；交付使用，并进行保修。

三、建设项目

（一）建设项目定义

建设项目又称基本建设工程项目，是指在一个总体设计或初步设计范围内，由一个或几个单项工程所组成，经济上实行统一核算，行政上实行统一管理的建设单位。一般以一个企业（或联合企业）、事业单位或独立工程作为一个建设项目。凡属于一个总体设计中的主体工程和相应的附属配套工程、综合利用工程、环境保护工程、供水供电工程以及水库的干渠配套工程等，都统作为一个建设项目；凡是不属于一个总体设计，经济上分别核算，工艺流程上没有直接联系的几个独立工程，应分别列为几个建设项目。

建设项目是一个建设单位在一个或几个建设区域内，根据上级下达的计划任务书和批准的总体设计和总概算书，经济上实行独立核算，行政上具有独立的组织形式，严格按基建程序实施的基本建设工程。基本建设项目符合国家总体建设规划，能独立发挥生产功能或满足生活需要，其项目建议书经批准立项和可行性研究报告经批准的建设任务。如工业建设中的一座工厂、一个矿山，民用建设中的一个居民区、一幢住宅、一所学校等均为一个建设项目。包括基本建设项目（新建、扩建等扩大生产能力的建设项目）和技术改造项目。

（二）建设项目的基本特征

（1）在一个总体设计或初步设计范围内，由一个或若干个互相有内在联系的单项工程所组成，建设中实行统一核算、统一管理。

（2）在一定的约束条件下，以形成固定资产为特定目标。约束条件包括时间约束、资源约束和质量约束。时间约束，即有建设工期目标；资源约束，即有投资总量目标；质量约束，即一个建设项目都有预期的生产能力（如公路的通行能力）、技术水平（如使用功能的强度、平整度、抗滑能力等）或使用效益目标。

（3）需要遵循必要的建设程序和特定的建设过程。即一个建设项目从提出建设的设想、建议、方案选择、评估、决策、勘察、设计、施工一直到竣工、投入使用，均有一个有序的全过程。

（4）按照特定的任务，具有一次性特点的组织形式。其表现是投资的一次性投入，建设地点的一次性固定，设计单一，施工单件。

（5）具有投资限额标准。即只有达到一定限额投资的才作为建设项目，不满限额标准的称为零星固定资产购置。

（三）建设项目应满足的要求

（1）技术上：在一个总体设计或初步设计范围内。

（2）构成上：由一个或几个相互关联的单位工程所组成的。

在建设过程中，经济上统一核算行政上统一管理的建设项目就是一个总体设计和总概（预）算控制而形成的一个独立实体的所有工程项目的总称。

（四）建设项目组成

建设项目可分解为单项工程、单位工程、分部工程、分项工程。

1. 单项工程

单项工程又称工程项目，它是建设项目的组成部分，是具有独立能力或使用效益的工程项目。工厂的一个车间，学校的一座教学楼。

单项工程是具有独立存在意义的一个完整工程，也是一个极为复杂的综合体，它是由许多单位工程组成。

2. 单位工程

单位工程是指具有独立设计图纸和相应的概（预）算书，可以独立组织施工，但竣工后不能独立发挥生产能力或使用效益的工程。它是单项工程的组成部分。例如，一个装配车间有土建、水暖、电力、卫生等单位工程组成。

3. 分部工程

分部工程是按照单位工程的不同部位和施工方法或不同材料和设备种类，从单位工程中划分出来的建筑中间产品。所以任何一个单位工程都是由若干个分部工程组成。

电力单位工程是由动力、电缆、照明、架空线、变配电工程、电话工程、电梯工程、防火系统、公用天线等分部工程组成。

4．分项工程

分项工程是指能够单独经过一定施工工序就能完成，并且可以采用适当计量单位计算的建筑或设备安装工程。

分项工程所需人工材料、施工机械的消耗大致相等，根据社会平均必要消耗量的原则，采用各种方法计量和测定，按统一的计量单位制定出每一分项工程的人工、材料和机械的消耗标准来计量。如外线工程的立电杆、导线架设、拉线安装、杆上变台安装等。

四、建筑及安装工程类别

在计算工程造价时，由于取费的需要将涉及工程类别，工程类别不同，取费的费率不同。下面我们来看建筑工程的分类标准。

（一）建筑工程类别划分及说明

1．一般建筑工程类别划分

一般建筑工程类别划分详见表1-1。

表1-1　　　　　　　　　　　一般建筑工程类别划分

项　目			一类	二类	三类
工业建筑	钢结构	跨度	≥30m	≥15m	<15m
		建筑面积	≥12000m²	≥8000m²	<8000m²
	其他结构	单层　檐高	≥20m	≥12m	<12m
		单层　跨度	≥24m	≥15m	<15m
		多层　檐高	≥24m	≥15m	<15m
		多层　建筑面积	≥8000m²	≥4000m²	<4000m²
民用建筑	公共建筑	檐高	≥36m	≥20m	<20m
		建筑面积	≥7000m²	≥4000m²	<4000m²
		跨度	≥30m	≥15m	<15m
	住宅及其他民用建筑	檐高	≥43m	≥20m	<20m
		层数	≥15层	≥7层	<7层
构筑物	水塔（水箱）	高度	≥75m	≥35m	<35m
		容积	≥150m³	≥75m³	<75m³
	烟囱	高度	≥100m	≥50m	<50m
	储仓	高度	≥30m	≥15m	<15m
		容积	≥600m³	≥300m³	<300m³
	储水（油）池	容积	≥3000m³	≥1500m³	<1500m³
	沉井、沉箱		执行一类		
	围墙、砖地沟、室外建筑工程				执行三类

2. 桩基础工程类别划分标准

（1）现场灌注桩为桩基础一类工程。

（2）预制桩为桩基础二类工程。

3. 按层工程的工程类别划分

在计算檐口高度和层数时，连同原建筑物一并计算。

4. 通廊以最高檐口高度，按单层厂房标准划分

工程类别使用说明：

（1）以单位工程为类别划分单位，在同一类别工程中有几个特征时，凡符合其中之一者，即为该类工程。

（2）一个单位工程有几种工程类型组成时，符合其中较高工程类别指标部分的面积若不低于工程总面积的 50%，该工程可全部按该指标确定工程类别；若低于 50%，但该部分面积又大于 1500m²，则可按其不同工程类别分别计算。

（3）高度系指从设计室外地面标高至檐口滴水的高度（有女儿墙的算至女儿墙顶面标高）。

（4）跨度系指结构设计定位轴线的距离，多跨建筑物按主跨的跨度划分工程类别。

（5）面积系指按《建筑工程建筑面积计算规范》（GB/T 50353—2005）计算的建筑面积。

（6）面积小于标准层 30% 的顶层及建筑物内的设备管道夹层，不计算层数。

（7）超出屋面封闭的楼梯出口间、电梯间、水箱间、塔楼、瞭望台，面积小于标准层 30% 的，不计算高度、层数。

（8）面积大于标准层 50% 且层高在 2.2m 及以上的地下室，计算层数。面积小于标准层 50% 或层高不足 2.2m 的地下室，不计算层数。

（9）公共建筑指为满足人们物质文化生活需要和进行社会活动而设置的非生产性建筑物，如综合楼、办公楼、教学楼、实验楼、图书馆、医院、商店、车站、影剧院、礼堂、体育馆、纪念馆、独立车库等以及相类似的工程，除此以外均为其他民用建筑。

（10）对有声、光、超净、恒温、无菌等特殊要求的工程，其面积超过总建筑面积的 50% 时，建筑工程类别可按对应标准提高一类核定。

（二）安装工程类别划分

1. 一类工程

（1）台重 35t 及其以上的各类机械设备（不分整体或解体）以及自动、半自动或程控机床，引进设备。

（2）自动、半自动电梯，输送设备以及起重质量 50t 及其以上的起重设备及相应的轨道安装。

（3）净化、超净、恒温和集中空调设备及其空调系统。

（4）自动化控制装置和仪表安装工程。

（5）砌体总实物量在 50m³ 及以上的炉窑、塔、设备砌筑工程和耐热、耐酸碱砌体衬里。

（6）热力设备（每台蒸发量 10t/h 以上的锅炉）及其附属设备。

（7）1000kV 以上的变配电设备。

（8）化工制药和炼油装置。

（9）各种压力容器的制作和安装。

（10）煤气发生炉、制氧设备、制冷量 231.6kW·h 以上的制冷设备、高中压空气压缩机、污水处理设备及其配套的气柜、储罐、冷却塔等。

（11）焊口有探伤要求的厂区（室外）工艺管道、热力管网、煤力管网、供水（含循环水）管网及厂区（室外）电缆敷设工程。

（12）附属于本类型工程各种设备的配管、电力安装和调试及刷油、绝热、防腐蚀等工程。

（13）一类建筑工程的附属设备、照明、采暖、通风、给排水及消防等工程。

2. 二类工程

（1）台重 35t 以下的各类机械设备（不分整体或解体）。

（2）小型杂物电梯，起重质量 50t 以下的起重设备及相应的轨道安装。

（3）每台蒸发量 10t/h 及其以下的低压锅炉安装。

（4）1000kV 及其以下的变配电设备。

（5）工艺金属结构，一般容器的制作和安装。

（6）焊口无探伤要求的厂区（室外）工艺管道、热力管网、供水（含循环水）管网。

（7）共用天线安装和调试。

（8）低压空气压缩机，乙炔发生设备，各类泵，供热（换热）装置以及制冷量 231.6kW·h 及其以下的制冷设备。

（9）附属于本类型工程各种设备的配管、电力安装和调试及刷油、绝热、防腐蚀等工程。

（10）砌体总实物量在 20m³ 及以上的炉窑、塔、设备砌筑工程和耐热、耐酸碱砌体衬里。

（11）二类建筑工程的附属设备、照明、采暖、通风、给排水等工程。

3. 三类工程

（1）除一、二类工程以外均为三类工程。

（2）三类建筑工程的附属设备、照明、采暖、通风、给排水等工程。

说明：上述单位工程中同时安装两台或两台以上不同类型的热力设备、制冷设备、变配电设备以及空气压缩机等，均按其中较高类型费用标准计算。

五、工程建设定额

（一）工程建设定额的定义

工程建设定额是经济生活中诸多定额中的一类。工程建设定额是在社会平均的生产条件下，把科学的方法和实践经验相结合，生产质量合格的单位工程产品所必需的人工、材料、机械的数量标准。工程建设定额除了规定有数量标准外，也要规定出它的工作内容、质量标准、生产方法、安全要求和适用的范围等。

工程建设定额是国家指定的机构按照一定的程序制定的，并按照规定的程序审批和办法执行。

工程建设定额是一种计价依据，同时也是投资决策和价格决策的依据，能够规范市场主体的经济行为，对完善我国固定资产投资市场和建筑市场都能起到重要作用。

（二）工程建设定额的分类

工程建设定额是一个综合概念，是工程建设中各类定额的总称，它包含许多种类的定额。为了对工程建设定额能有一个全面的了解，可以按照不同的原则和方法对它进行科学的分类。

1. 按生产要素分类

按生产要素分，可以把工程建设定额分为劳动消耗量定额、机械消耗量定额、材料消耗量定额。

（1）劳动消耗量定额。简称劳动定额（也称为人工定额），是指完成一定的合格产品（工程实体或劳务）规定劳动消耗的数量标准。

（2）机械消耗量定额。我国机械消耗定额是以一台机械一个工作班为计量单位，所以又称为机械台班定额。机械消耗定额是指为完成一定合格产品（工程实体或劳务）所规定的施工机械消耗的数量标准。

（3）材料消耗量定额。简称材料定额，是指完成一定合格产品所需消耗材料的数量标准。材料是指工程建设中使用的原材料、成品、半成品、构配件、燃料以及水、电等动力资源的统称。

2. 按定额的编制程序和用途分类

按定额的编制程序和用途，可以把工程建设定额分为施工定额、预算定额、概算定额、概算指标、投资估算指标五种。

（1）施工定额。施工定额由劳动定额、机械定额和材料定额三个相对独立的部分组成，主要直接用于工程的施工管理，作为编制工程施工设计、施工预算、施工作业计划、签发施工任务单、限额领料卡及结算计件工资或计量奖励工资等用。是计算预算定额中人工、机械、材料消耗量的重要依据。

（2）预算定额。预算定额是以建筑物或构筑物各个分部分项工程为对象编制的定额，适用于施工图预算的编制。其内容包括劳动定额、机械台班定额、材料消耗定额三个基本部分，并列有工程费用，是一种计价的定额。从编制程序上看，预算定额是以施工定额为基础综合扩大编制的；同时它也是编制概算定额的基础。

（3）概算定额。概算定额是以扩大的分部分项工程为对象编制的，计算和确定该工程项目的劳动、机械台班、材料消耗量所使用的定额，同时它也列有工程费用，也是一种计价性定额。概算定额是编制扩大初步设计概算、确定建设项目投资额的依据。概算定额的项目划分粗细，与扩大初步设计的深度相适应，一般是在预算定额的基础上综合扩大而成的，每一综合分项概算定额都包含了数项预算定额。

（4）概算指标。概算指标是概算定额的扩大与合并，它是以整个建筑物和构筑物为对象，以更为扩大的计量单位来编制的。概算指标的内容包括劳动、机械台班、材料定额三个基本部分，同时还列出了各结构分部的工程量及单位建筑工程（以体积计或面积计）的造价，是一种计价定额。为了增加概算指标的适用性，也以房屋或构筑物的扩大的分部工程或结构构件为对象编制，称为扩大结构定额。概算指标通常按工业建筑和民用建筑分别编制。工业建筑中又按各工业部门类别、企业大小、车间结构编制，民用建筑按照用途性质、建筑层高、结构类别编制。概算指标的设定和初步设计的深度相适应。一般是在概算定额和预算定额的基础上编制的，比概算定额更加综合扩大。它是设计单位编制工程概算或建设单位编制年度任务计划、施工准备期间编制材料和机械设备供应计划的依据，也可供国家编制年度建设计划参考。

（5）投资估算指标。它是在项目建议书和可行性研究阶段编制投资估算、计算投资需要量时使用的一种定额。它非常概略，往往以独立的单项工程或完整的工程项目为计算对象，编制内容是所有项目费用之和。编制基础仍然离不开预算定额、概算定额。

3. 按照投资的费用性质分类

按照投资的费用性质分类，可以把工程建设定额分为：建筑工程定额，设备安装工程定额，建筑安装工程费用定额，工、器具定额以及工程建设其他费用定额等。

（1）建筑工程定额。建筑工程定额是建筑工程的施工定额、预算定额、概算定额和概算指标的统称。建筑工程，一般理解为房屋和构筑物工程。具体包括一般土建工程、电力工程（动力、照明、弱电）、卫生技术（水、暖、通风）工程、工业管道工程、特殊构筑物工程等。广义上它也被理解为除房屋和构筑物外还包含其他各类工程，如道路、铁路、桥梁、隧道、运河、堤坝、港口、电站、机场等工程。

（2）设备安装工程定额。设备安装工程定额是安装工程施工定额、预算定额、概算定额和概算指标的统称。设备安装工程是对需要安装的设备进行定位、组合、校正、调试等工作的工程。所以设备安装工程定额也是工程建设定额中的重要部分。通常把建筑和安装工程作为一个施工过程来看待，即建筑安装工程。所以在通用定额中有时把建筑工程定额和安装工程定额合二为一，称为建筑安装工程定额。建筑安装工程定额属于直接费定额，仅仅包括施工过程中人工、材料、机械消耗定额。

（3）建筑安装工程费用定额。一般包括以下三部分内容：①其他直接费用定额，是指预算定额分项内容以外，而与建筑安装施工生产直接有关的各项费用开支标准；②现场经费定额，是指与现场施工直接有关，是施工准备、组织施工生产和管理所需的费用定额；③间接费定额，是指与建筑安装施工生产的个别产品无关，而为企业生产全部产品所必需，为维持企业的经营管理活动所必需发生的各项费用开支标准。

（4）工、器具定额。工、器具定额是为新建或扩建项目投产运转首次配置的工具、器具数量标准。工具和器具，是指按照有关规定不够固定资产标准而起劳动手段作用的工具、器具和生产用家具。

（5）工程建设其他费用定额。工程建设其他费用定额是独立于建筑安装工程、设备和工器具购置之外的其他费用开支的标准。工程建设的其他费用的发生和整个项目的建设密切相关。它一般要占项目总投资的 10% 左右。其他费用定额是按各项独立费用分别制定的，以便合理控制这些费用的开支。

4. 按照专业性质划分

按照专业性质划分，工程建设定额分为全国通用定额、行业通用定额和专业专用定额三种。

（1）全国通用定额。指在全国各部门和地区间都可以使用的定额。

（2）行业通用定额。指具有专业特点，在行业部门内可以通用的定额。

（3）专业专用定额。只能在指定范围内使用的定额。

5. 按主编单位和管理权限分类

按主编单位和管理权限分，工程建设定额可以分为全国统一定额、行业统一定额、地区统一定额、企业定额、补充定额五种。

（1）全国统一定额。是由国家建设行政主管部门，综合全国工程建设中技术和施工组织管理的情况编制，并在全国范围内执行的定额。

（2）行业统一定额。是考虑到各行业部门专业工程技术特点，以及施工生产和管理水平编制的。一般是只在本行业和相同专业性质的范围内使用。

（3）地区统一定额。包括省、自治区、直辖市定额。地区统一定额主要是考虑地区性特点和全国统一定额水平作适当调整和补充编制的。

（4）企业定额。指由施工企业考虑本企业具体情况，参照国家、部门或地区定额的水平制定的定额。

（5）补充定额。是指随着设计、施工技术的发展，现行定额不能满足需要的情况下，为了补充缺陷所编制的定额。工程建设定额具有科学性、系统性、统一性、权威性、稳定性与时效性的特点。

拓展知识

❖查阅四川地区通用定额手册
❖查阅电力专业通用定额手册

能力检测

1. 基本建设的程序有哪些？
2. 工程设计的阶段有哪些？
3. 建设项目组成有哪些？
4. 工程建设定额的定义是什么？
5. 按定额的编制程序和用途，工程建设定额的分类有哪些？

任务二 电力工程招投标

【任务描述】

熟悉工程招投标的基本概念，了解工程价款结算的内容，了解工程的监督管理。

【任务分析】

（1）熟悉工程招投标的概念和范围，招标的方式，招标、投标、开标、评标和定标、废标的过程，熟悉电力工程的招投标的基本内容。

（2）学习电力工程预付款结算、进度款结算、竣工结算，从而了解整个工程价款结算的相关内容。

（3）了解工程监督管理的内容。

【任务实施】

一、电力工程招投标

（一）电力工程招投标及其范围

1. 招投标的基本概念

招投标是在市场经济条件下进行大宗的货物买卖、工程建设项目的发包与承包，以及服务项目的采购与提供时所采用的一种交易方式。

招标方可以从中选择条件最优者，使其用最优的技术、最优的质量、最低的价格和最短的建设周期完成项目。

2. 电力工程招投标的范围

《中华人民共和国招投标法》规定在中华人民共和国境内进行下列工程建设项目包括项目的勘察、设计、施工、监理以及与工程建设有关的重要设备、材料等的采购，必须进行招标：

（1）大型基础设施、公用事业等关系社会公共利益、公众安全的项目。

（2）全部或者部分使用国有资金投资或者国家融资的项目。

（3）使用国际组织或者外国政府贷款、援助资金的项目。

以上各类工程建设项目，包括项目的勘察、设计、施工、监理以及与工程建设有关的重要设备、材料等的采购，达到下列标准之一的，必须进行招标：

（1）施工单项合同估算价在200万元人民币以上的。

（2）重要设备、材料等货物的采购，单项合同估算价在100万元人民币以上的。

（3）勘察、设计、监理等服务的采购，单项合同估算价在50万元人民币以上的。

（4）单项合同估算价低于第（1）、（2）、（3）项规定的标准，但项目总投资额在3000万元人民币以上的。

（二）电力工程招标的方式

根据《中华人民共和国招标投标法》，招标分为公开招标和邀请招标。

公开招标是指招标人以招标公告的方式邀请不特定的法人或者其他组织投标。邀请招标是指招标人以投标邀请书的方式邀请特定的法人或者其他组织投标。

招标人采用公开招标方式的，应当发布招标公告。依法必须进行招标的项目的招标公告，应当通过国家指定的报刊、信息网络或者其他媒介发布。

招标公告应当载明招标人的名称和地址、招标项目的性质、数量、实施地点和时间以及获取招标文件的办法等事项。

招标人采用邀请招标方式的，应当向三个以上具备承担招标项目的能力、资信良好的特定的法人或者其他组织发出投标邀请书。投标邀请书应当载明招标人的名称和地址、招标项目的性质、数量、实施地点和时间以及获取招标文件的办法等事项。

国务院发展计划部门确定的国家重点建设项目和各省、自治区、直辖市人民政府确定的地方重点建设项目，以及全部使用国有资金投资或者国有资金投资占控股或者主导地位的工程建设项目，应当公开招标。

有下列情形之一的，经批准可以进行邀请招标：

（1）项目技术复杂或有特殊要求，只有少量几家潜在投标人可供选择的。

（2）受自然地域环境限制的。

（3）涉及国家安全、国家秘密或者抢险救灾，适宜招标但不宜公开招标的。

（4）公开招标的费用与项目的价值相比，不值得的。

（5）法律、法规规定不宜公开招标的。

国家重点建设项目的邀请招标，应当经国务院发展计划部门批准；地方重点建设项目的邀请招标，应当经各省、自治区、直辖市人民政府批准。全部使用国有资金投资或者国有资金投资占控股或者主导地位的并需要审批的工程建设项目的邀请招标，应当经项目审批部门批准，但项目审批部门只审批立项的，由有关行政监督部门批准。

需要审批的工程建设项目，有下列情形之一的，由相关审批部门批准，可以不进行施工招标：

（1）涉及国家安全、国家秘密或者抢险救灾而不适宜招标的。

（2）属于利用扶贫资金实行以工代赈需要使用农民工的。

（3）施工主要技术采用特定的专利或者专有技术的。

（4）施工企业自建自用的工程，且该施工企业资质等级符合工程要求的。

（5）在建工程追加的附属小型工程或者主体加层工程，原中标人仍具备承包能力的。

（6）法律、行政法规规定的其他情形。

不需要审批但依法必须招标的工程建设项目，有前款规定情形之一的，可以不进行施工招标。

（三）招标

工程施工招标人是依法提出施工招标项目、进行招标的法人或者其他组织。

1. 招标的条件

依法必须进行施工招标的工程建设项目，按工程建设项目审批管理规定，凡应报送项目审批部门审批的，招标人必须在报送的可行性研究报告中将招标范围、招标方式、招标组织形式等有关招标内容报项目审批部门核准。依法必须招标的工程建设项目，应当具备下列条件才能进行施工招标：

（1）招标人已经依法成立。

（2）初步设计及概算应当履行审批手续的，已经批准。

（3）招标范围、招标方式和招标组织形式等应当履行核准手续的，已经核准。

（4）有相应资金或资金来源已经落实。

（5）有招标所需的设计图纸及技术资料。

2．招标方式

采用公开招标方式的，招标人应当发布招标公告。采用邀请招标方式的，招标人应当发出投标邀请书。

招标公告或者投标邀请书应当至少载明下列内容：

（1）招标人的名称和地址。

（2）招标项目的内容、规模、资金来源。

（3）招标项目的实施地点和工期。

（4）获取招标文件或者资格预审文件的地点和时间。

（5）对招标文件或者资格预审文件收取的费用。

（6）对招标人的资质等级的要求。

招标人应当按招标公告或者投标邀请书规定的时间、地点出售招标文件或资格预审文件。自招标文件或者资格预审文件出售之日起至停止出售之日止，最短不得少于5个工作日。

招标人可以通过信息网络或者其他媒介发布招标文件，通过信息网络或者其他媒介发布的招标文件与书面招标文件具有同等法律效力，但出现不一致时以书面招标文件为准。招标人应当保持书面招标文件原始正本的完好。

对招标文件或者资格预审文件的收费应当合理，不得以营利为目的。对于所附的设计文件，招标人可以向投标人酌收押金；对于开标后投标人退还设计文件的，招标人应当向投标人退还押金。

招标文件或者资格预审文件售出后，不予退还。招标人在发布招标公告、发出投标邀请书后或者售出招标文件或资格预审文件后不得擅自终止招标。

3．对投标人的资格审查

招标人可以根据招标项目本身的特点和需要，要求潜在投标人或者投标人提供满足其资格要求的文件，对潜在投标人或者投标人进行资格审查；法律、行政法规对潜在投标人或者投标人的资格条件有规定的，依照其规定执行。

资格审查分为资格预审和资格后审。

资格预审是指在投标前对潜在投标人进行的资格审查。

资格后审是指在开标后对投标人进行的资格审查。进行资格预审的，一般不再进行资格后审，但招标文件另有规定的除外。

采取资格预审的，招标人可以发布资格预审公告，并在资格预审文件中载明资格预审的条件、标准和方法；采取资格后审的，招标人应当在招标文件中载明对投标人资格要求的条件、标准和方法。

招标人不得改变载明的资格条件或者以没有载明的资格条件对潜在投标人或者投标人进行资格审查。

经资格预审后，招标人应当向资格预审合格的潜在投标人发出资格预审合格通知书，告知获取招标文件的时间、地点和方法，并同时向资格预审不合格的潜在投标人告知资格预审结果。资格预审不合格的潜在投标人不得参加投标。

经资格后审不合格的投标人的投标应作废标处理。

资格审查应主要审查潜在投标人或者投标人是否符合下列条件：

（1）具有独立订立合同的权利。

（2）具有履行合同的能力，包括专业、技术资格和能力，资金、设备和其他物质设施状况，管理能力，经验、信誉和相应的从业人员。

（3）没有处于被责令停业，投标资格被取消，财产被接管、冻结，破产状态。

（4）在最近三年内没有骗取中标和严重违约及重大工程质量问题。

（5）法律、行政法规规定的其他资格条件。

资格审查时，招标人不得以不合理的条件限制、排斥潜在投标人或者投标人，不得对潜在投标人或者投标人实行歧视待遇。任何单位和个人不得以行政手段或者其他不合理方式限制投标人的数量。

4. 自行招标

招标人符合法律规定的自行招标条件的，可以自行办理招标事宜。任何单位和个人不得强制其委托招标代理机构办理招标事宜。

5. 招标代理机构

招标代理机构应当在招标人委托的范围内承担招标事宜。招标代理机构可以在其资格等级范围内承担下列招标事宜：

（1）拟订招标方案，编制和出售招标文件、资格预审文件。

（2）审查投标人资格。

（3）编制标底。

（4）组织投标人踏勘现场。

（5）组织开标、评标，协助招标人定标。

（6）草拟合同。

（7）招标人委托的其他事项。

招标代理机构不得无权代理、越权代理，不得明知委托事项违法而进行代理。

招标代理机构不得接受同一招标项目的投标代理和投标咨询业务；未经招标人同意，不得转让招标代理业务。

工程招标代理机构与招标人应当签订书面委托合同，并按双方约定的标准收取代理费；国家对收费标准有规定的，依照其规定。

6. 招标人根据施工招标项目的特点和需要编制招标文件

招标文件一般包括下列内容：

（1）投标邀请书。

（2）投标人须知。

（3）合同主要条款。

（4）投标文件格式。

（5）采用工程量清单招标的，应当提供工程量清单。

（6）技术条款。

（7）设计图纸。

（8）评标标准和方法。

（9）投标辅助材料。

招标人应当在招标文件中规定实质性要求和条件，并用醒目的方式标明。

招标人可以要求投标人在提交符合招标文件规定要求的投标文件外，提交备选投标方案，但应当在招标文件中做出说明，并提出相应的评审和比较办法。

招标文件规定的各项技术标准应符合国家强制性标准。

招标文件中规定的各项技术标准均不得要求或标明某一特定的专利、商标、名称、设计、原产地或生产供应者，不得含有倾向或者排斥潜在投标人的其他内容。如果必须引用某一生产供应者的技术标准才能准确或清楚地说明拟招标项目的技术标准时，则应当在参照后面加上"或相当于"的字样。

施工招标项目需要划分标段、确定工期的，招标人应当合理划分标段、确定工期，并在招标文件中载明。对工程技术上紧密相连、不可分割的单位工程不得分割标段。

招标人不得以不合理的标段或工期限制或者排斥潜在投标人或者投标人。

招标文件应当明确规定评标时除价格以外的所有评标因素，以及如何将这些因素量化或者据以进行评估。

在评标过程中，不得改变招标文件中规定的评标标准、方法和中标条件。

招标文件应当规定一个适当的投标有效期，以保证招标人有足够的时间完成评标和与中标人签订合同。投标有效期从投标人提交投标文件截止之日起计算。

在原投标有效期结束前，出现特殊情况的，招标人可以书面形式要求所有投标人延长投标有效期。投标人同意延长的，不得要求或被允许修改其投标文件的实质性内容，但应当相应延长其投标保证金的有效期；投标人拒绝延长的，其投标失效，但投标人有权收回其投标保证金。因延长投标有效期造成投标人损失的，招标人应当给予补偿，但因不可抗力需要延长投标有效期的除外。

施工招标项目工期超过 12 个月的，招标文件中可以规定工程造价指数体系、价格调整因素和调整方法。

招标人应当确定投标人编制投标文件所需要的合理时间；但是，依法必须进行招标的项目，自招标文件开始发出之日起至投标人提交投标文件截止之日止，最短不得少于20 日。

7. 现场踏勘

招标人根据招标项目的具体情况，可以组织潜在投标人踏勘项目现场，向其介绍工程场地和相关环境的有关情况。潜在投标人依据招标人介绍情况作出的判断和决策，由投标人自行负责。

招标人不得单独或者分别组织任何一个投标人进行现场踏勘。

8. 解答疑问

对于潜在投标人在阅读招标文件和现场踏勘中提出的疑问，招标人可以书面形式或召开投标预备会的方式解答，但需同时将解答以书面方式通知所有购买招标文件的潜在投标人。该解答的内容为招标文件的组成部分。

9. 编制标底

招标人可根据项目特点决定是否编制标底。编制标底的，标底编制过程和标底必须保密。

招标项目编制标底的，应根据批准的初步设计、投资概算，依据有关计价办法，参照有关工程定额，结合市场供求状况，综合考虑投资、工期和质量等方面的因素合理确定。

标底由招标人自行编制或委托中介机构编制。一个工程只能编制一个标底。

任何单位和个人不得强制招标人编制或报审标底，或干预其确定标底。

招标项目可以不设标底，进行无标底招标。

（四）投标

投标人是响应招标、参加投标竞争的法人或者其他组织。招标人的任何不具独立法人资格的附属机构（单位），或者为招标项目的前期准备或者监理工作提供设计、咨询服务的任何法人及其任何附属机构（单位），都无资格参加该招标项目的投标。

1. 投标文件

投标人应当按照招标文件的要求编制投标文件。投标文件应当对招标文件提出的实质性要求和条件作出响应。

投标文件一般包括下列内容：投标函、投标报价、施工组织设计、商务和技术偏差表。

投标人根据招标文件载明的项目实际情况，拟在中标后将中标项目的部分非主体、非关键性工作进行分包的，应当在投标文件中载明。

2. 投标保证金

招标人可以在招标文件中要求投标人提交投标保证金。投标保证金除现金外，可以是银行出具的银行保函、保兑支票、银行汇票或现金支票。

投标保证金一般不得超过投标总价的2%，但最高不得超过80万元人民币。投标保证金有效期应当超出投标有效期30日。

投标人应当按照招标文件要求的方式和金额，将投标保证金随投标文件提交给招标人。

投标人不按招标文件要求提交投标保证金的，该投标文件将被拒绝，作废标处理。

投标人应当在招标文件要求提交投标文件的截止时间前，将投标文件密封送达投标地点。招标人收到投标文件后，应当向投标人出具标明签收人和签收时间的凭证，在开标前任何单位和个人不得开启投标文件。

3. 无效投标或其他

在招标文件要求提交投标文件的截止时间后送达的投标文件，为无效的投标文件，招标人应当拒收。

提交投标文件的投标人少于三个的，招标人应当依法重新招标。重新招标后投标人仍少于三个的，属于必须审批的工程建设项目，报经原审批部门批准后可以不再进行招标；其他工程建设项目，招标人可自行决定不再进行招标。

4. 投标文件的修改或撤回

投标人在招标文件要求提交投标文件的截止时间前，可以补充、修改、替代或者撤回已提交的投标文件，并书面通知招标人。补充、修改的内容为投标文件的组成部分。

在提交投标文件截止时间后到招标文件规定的投标有效期终止之前，投标人不得补充、修改、替代或者撤回其投标文件。投标人补充、修改、替代投标文件的，招标人不予接受；投标人撤回投标文件的，其投标保证金将被没收。

在开标前，招标人应妥善保管好已接收的投标文件、修改或撤回通知、备选投标方案等投标资料。

5. 联合体

两个以上法人或者其他组织可以组成一个联合体，以一个投标人的身份共同投标。

联合体各方签订共同投标协议后，不得再以自己名义单独投标，也不得组成新的联合体或参加其他联合体在同一项目中投标。

联合体参加资格预审并获通过的，其组成的任何变化都必须在提交投标文件截止之日前征得招标人的同意。如果变化后的联合体削弱了竞争，含有事先未经过资格预审或者资格预审不合格的法人或者其他组织，或者使联合体的资质降到资格预审文件中规定的最低标准以下，招标人有权拒绝。

联合体各方必须指定牵头人，授权其代表所有联合体成员负责投标和合同实施阶段的主办、协调工作，并应当向招标人提交由所有联合体成员法定代表人签署的授权书。

联合体投标的，应当以联合体各方或者联合体中牵头人的名义提交投标保证金。以联合体中牵头人名义提交的投标保证金，对联合体各成员具有约束力。

6. 投标人串通投标报价

下列行为均属投标人串通投标报价：

（1）投标人之间相互约定抬高或压低投标报价。

（2）投标人之间相互约定，在招标项目中分别以高、中、低价位报价。

（3）投标人之间先进行内部竞价，内定中标人，然后再参加投标。

（4）投标人之间其他串通投标报价的行为。

下列行为均属招标人与投标人串通投标：

（1）招标人在开标前开启招标文件，并将投标情况告知其他投标人，或者协助投标人撤换投标文件，更改报价。

（2）招标人向投标人泄露标底。

（3）招标人与投标人商定，投标时压低或抬高标价，中标后再给投标人或招标人额外补偿。

（4）招标人预先内定中标人。

（5）其他串通投标行为。

7. 投标人不得以他人名义投标

前款所称以他人名义投标，指投标人挂靠其他施工单位，或从其他单位通过转让或租借的方式获取资格或资质证书，或者由其他单位及其法定代表人在自己编制的投标文件上加盖印章和签字等行为。

（五）开标、评标和定标

开标应当在招标文件确定的提交投标文件截止时间的同一时间公开进行；开标地点应当为招标文件中确定的地点。

（1）开标由招标人主持，邀请所有投标人参加。

（2）开标时，由投标人或者其推选的代表检查投标文件的密封情况，也可以由招标人委托的公证机构检查并公证；经确认无误后，由工作人员当众拆封，宣读投标人名称、投标价格和投标文件的其他主要内容。

招标人在招标文件要求提交投标文件的截止时间前收到的所有投标文件，开标时都应当当众予以拆封、宣读。

开标过程应当记录，并存档备查。

（3）评标由招标人依法组建的评标委员会负责。依法必须进行招标的项目，其评标委员会由招标人的代表和有关技术、经济等方面的专家组成，成员人数为 5 人以上单数，其中技术、经济等方面的专家不得少于成员总数的 2/3。

前款专家应当从事相关领域工作满八年并具有高级职称或者具有同等专业水平，由招标人从国务院有关部门或者省、自治区、直辖市人民政府有关部门提供的专家名册或者招标代理机构的专家库内的相关专业的专家名单中确定；一般招标项目可以采取随机抽取方式，特殊招标项目可以由招标人直接确定。

与投标人有利害关系的人不得进入相关项目的评标委员会；已经进入的应当更换。

评标委员会成员的名单在中标结果确定前应当保密。

（4）投标文件有下列情形之一的，招标人不予受理：

1）逾期送达的或者未送达指定地点的。

2）未按招标文件要求密封的。

（5）投标文件有下列情形之一的，由评标委员会初审后按废标处理：

1）无单位盖章并无法定代表人或法定代表人授权的代理人签字或盖章的。

2）未按规定的格式填写，内容不全或关键字迹模糊、无法辨认的。

3）投标人递交两份或多份内容不同的投标文件，或在一份投标文件中对同一招标项目报有两个或多个报价，且未声明哪一个有效，按招标文件规定提交备选投标方案的除外。

4）投标人名称或组织结构与资格预审时不一致的。

5）未按招标文件要求提交投标保证金的。

6）联合体投标未附联合体各方共同投标协议的。

（6）评标委员会可以书面方式要求投标人对投标文件中含义不明确、对同类问题表述不一致或者有明显文字和计算错误的内容作必要的澄清、说明或补正。评标委员会不得向投标人提出带有暗示性或诱导性的问题，或向其明确投标文件中的遗漏和错误。

（7）投标文件不响应招标文件的实质性要求和条件的，招标人应当拒绝，并不允许投标人通过修正或撤销其不符合要求的差异或保留，使之成为具有响应性的投标。

（8）评标委员会在对实质上响应招标文件要求的投标进行报价评估时，除招标文件另有约定外，应当按下述原则进行修正：

1）用数字表示的数额与用文字表示的数额不一致时，以文字数额为准。

2）单价与工程量的乘积与总价之间不一致时，以单价为准。若单价有明显的小数点错位，应以总价为准，并修改单价。

按前款规定调整后的报价经投标人确认后产生约束力。

投标文件中没有列入的价格和优惠条件在评标时不予考虑。

（9）对于投标人提交的优越于招标文件中技术标准的备选投标方案所产生的附加收益，不得考虑进评标价中。符合招标文件的基本技术要求且评标价最低或综合评分最高的投标人，其所提交的备选方案方可予以考虑。

（10）招标人设有标底的，标底在评标中应当作为参考，但不得作为评标的唯一依据。

（11）评标委员会完成评标后，应向招标人提出书面评标报告。评标报告由评标委员会全体成员签字。

评标委员会提出书面评标报告后，招标人一般应当在 15 日内确定中标人，但最迟应当在投标有效期结束日 30 个工作日前确定。中标通知书由招标人发出。

（12）评标委员会推荐的中标候选人应当限定在一至三人，并标明排列顺序。招标人应当接受评标委员会推荐的中标候选人，不得在评标委员会推荐的中标候选人之外确定中标人。

（13）依法必须进行招标的项目，招标人应当确定排名第一的中标候选人为中标人。排名第一的中标候选人放弃中标、因不可抗力提出不能履行合同，或者招标文件规定应当提交履约保证金而在规定的期限内未能提交的，招标人可以确定排名第二的中标候选人为中标人。

排名第二的中标候选人因前款规定的同样原因不能签订合同的，招标人可以确定排名第三的中标候选人为中标人。招标人可以授权评标委员会直接确定中标人。国务院对中标人的确定另有规定的，从其规定。

（14）招标人不得向中标人提出压低报价、增加工作量、缩短工期或其他违背中标人意愿的要求，以此作为发出中标通知书和签订合同的条件。

（15）中标通知书对招标人和中标人具有法律效力。中标通知书发出后，招标人改变中标结果的，或者中标人放弃中标项目的，应当依法承担法律责任。

（16）招标人全部或者部分使用非中标单位投标文件中的技术成果或技术方案时，需征得其书面同意，并给予一定的经济补偿。

（17）招标人和中标人应当自中标通知书发出之日起 30 日内，按照招标文件和中标人的投标文件订立书面合同。招标人和中标人不得再行订立背离合同实质性内容的其他协议。

（18）招标文件要求中标人提交履约保证金或者其他形式履约担保的，中标人应当提交；拒绝提交的，视为放弃中标项目。招标人要求中标人提供履约保证金或其他形式履约担保的，招标人应当同时向中标人提供工程款支付担保。招标人不得擅自提高履约保证金，不得强制要求中标人垫付中标项目建设资金。

（19）招标人与中标人签订合同后 5 个工作日内，应当向未中标的投标人退还投标保证金。

（20）合同中确定的建设规模、建设标准、建设内容、合同价格应当控制在批准的初步设计及概算文件范围内；确需超出规定范围的，应当在中标合同签订前，报原项目审批部门审查同意。凡应报经审查而未报的，在初步设计及概算调整时，原项目审批部门一律不予承认。

（六）招标程序

依法必须进行施工招标的项目，招标人应当自发出中标通知书之日起 15 日内，向有关行政监督部门提交招标投标情况的书面报告。前款所称书面报告至少应包括下列内容：

（1）招标范围。

（2）招标方式和发布招标公告的媒介。

（3）招标文件中投标人须知、技术条款、评标标准和方法、合同主要条款等内容。

（4）评标委员会的组成和评标报告。

（5）中标结果。

其中：招标人不得直接指定分包人。

（七）废标的条件

对于不具备分包条件或者不符合分包规定的，招标人有权在签订合同或者中标人提出分包要求时予以拒绝。发现中标人转包或违法分包时，可要求其改正；拒不改正的，可终止合同，并报请有关行政监督部门查处。

（八）关于转包或违法分包

监理人员和有关行政部门发现中标人违反合同约定进行转包或违法分包的，应当要求中标人改正，或者告知招标人要求其改正；对于拒不改正的，应当报请有关行政监督部门查处。

二、工程价款结算

（一）电力工程预付款结算

电力工程实行预付款结算的，承发包双方应当在建筑工程施工合同中约定发包人向承包人预付工程款的时间和方式，并符合下列规定：

（1）包工、包料工程的预付款按合同约定拨付，预付款比例不低于合同金额的 10%，不高于合同金额的 30%；对重大工程项目，按年度工程计划逐年预付。

计价执行《建设工程工程量清单计价规范》（GB 50500—2003）的工程，实体性消耗和非实体性消耗部分应在合同中分别约定预付款的比例。

（2）在具备施工条件的前提下，发包人应在双方签订合同后的一个月内或不迟于约定的开工日期前的 7 日内预付工程款。发包人不按约定预付，承包人应在预付时间到期后十日内向发包人发出要求预付的通知，发包人收到通知后仍不按要求预付，承包人可在发出通知 14 日后停止施工，发包人应从约定应付之日起向承包人支付应付款利息（利率按同期银行贷款利率计），并承担违约责任。

（3）预付的工程款必须在合同中约定抵扣方式，并在工程进度款中进行抵扣。

（4）没有签订建筑工程施工合同或不具备施工条件的工程，发包人不得预付工程款，不得以预付款名义转移资金。

（二）电力工程进度款结算

电力工程进度款结算与支付应当符合下列规定。

1. 工程进度款结算方式

（1）按月结算与支付。即实行按月支付进度款，竣工后清算的办法。合同工期在两个年度以上的工程，在年终进行工程盘点，办理年度结算。

（2）分段结算与支付。即当年开工、当年不能竣工的建筑工程，按照工程形象进度，划分不同阶段支付工程进度款。具体划分应当在合同中明确约定。

2. 工程量计算

（1）承包人应当按照合同约定的方法和时间，向发包人提交已完成工程量的报告，发包人应当自接到报告后 14 日内对已完成工程量核实完毕，并在核实前一天通知承包人，承包人应当提供条件并派人参加核实，承包人收到通知后不参加核实的，以发包人核实的工程量作为工程价款支付的依据；发包人未按规定时间通知承包人，致使承包人未能参加核实的，核实结果无效。

（2）发包人自收到承包人已完成工程量的报告之日起 14 日内未完成工程量核实的，从第 15 日起，承包人报告的工程量即视为被确认，作为工程价款支付的依据。双方合同另有约定的，从其约定。

（3）对承包人超出设计图纸（含设计变更）范围或因承包人原因造成返工的工程量，发包人不予计量。

3. 工程进度款支付

（1）根据确定的工程计算结果，承包人向发包人提出支付工程进度款申请，发包人自接到申请之日起 14 日内，应按不低于工程价款的 60%，不高于工程价款的 90% 向承包人支付工程进度款。按约定时间发包人应扣回的预付款，与工程进度款同期结算抵扣。

（2）发包人超过约定的支付时间不支付工程进度款的，承包人应当及时向发包人发出要求付款的书面通知，发包人收到承包人书面通知后仍不能按要求付款，可与承包人协商签订延期付款协议，经承包人同意后可延期支付，协议应明确延期支付的时间和从工程计量结果确认后第 15 日起计算应付款的利息（利率按同期银行贷款利率计）。

（3）发包人不按合同约定支付工程进度款，双方又未达成延期付款协议，导致施工无法进行，承包人可以停止施工，由发包人承担违约责任。

（三）电力工程竣工结算

电力工程竣工结算以工程施工合同约定的合同价款为基础，结合建筑工程施工合同约定的合同价款调整内容进行编制或审核。

工程竣工后，承包人应当在提交竣工验收报告的同时，向发包人递交竣工结算报及完整的结算资料。

发包人收到承包人提交的竣工结算报告及完整的结算资料时，应当书面签收。

发包人收到承包人提交的竣工结算报告及完整的结算资料后，应当在建筑工程施工合同约定的期限内进行核实，并给予确认或提出修改意见，逾期未确认或未提出意见的，竣工结算报告视为认可。根据经确认的竣工结算报告，承包人向发包人申请支付工程竣工结算款，发包人应当自收到申请后 15 日内支付结算价款，到期未支付的应当承担违约责任。

发包人逾期不支付工程价款的，承包人可以与发包人协议将该工程折价，也可以申请人民法院将该工程依法拍卖。承包人就该工程折价或拍卖的价款优先受偿。

承发包人未按合同约定履行自己的义务或因失误给另一方造成经济损失的，受损方可按合同约定以书面形式提出索赔，索赔费用按合同约定支付。

三、监督管理

建设行政主管部门会同有关行政监督部门对使用国有资金投资或者国家融资的建筑工程的造价实施监督管理，工程最高限价报建设行政主管部门备案。

中央托管项目和省重点项目应当由工程最高限价编制单位报省建设行政主管部门备案，其他工程项目应当由工程最高限价编制单位报项目所在地设区市、县（市）建设主管部门备案。

备案主管部门应当自收到备案资料之日起 7 日内出具工程最高限价备案书。

工程最高限价备案时，应当同时向备案主管部门提供招标文件和工程最高限价编制成果文件。

使用国有资金投资或者国家融资的建筑工程，建设单位应当自工程竣工验收合格之日起 28 日内，将竣工结算资料报县级以上人民政府建设主管部门备案。其中，中央托管项目和省重点建设项目的竣工结算资料报省建设行政主管部门备案。

备案主管部门应当自收到竣工结算备案资料 7 日内出具工程结算备案书，建设单位应当按照竣工结算备案书的要求整改。

竣工结算备案时应当提供以下资料：

（1）建筑施工合同。

（2）承包方递交的竣工结算报告及完整的结算资料。

（3）建设单位或者其委托的造价咨询企业给予确认的意见或审核意见。

（4）工程竣工结算价款支付清单。

工程竣工后，发、承包双方应及时办清工程竣工结算。未办清工程竣工结算的建筑工程不得交付使用，房屋权属管理部门不予办理房屋权属登记。

国家机关工作人员在建筑工程造价监督管理工作中，玩忽职守、徇私舞弊、滥用职权的，由有关机关给予行政处分；构成犯罪的，依法追究刑事责任。

拓展知识

❖查阅有关电力工程的招标文件实际文本

❖查阅有关电力工程的投标文件实际文本

能力检测

1. 招投标的基本概念是什么？

2. 招标的方式有哪些？

3. 招标文件的内容有哪些？

4. 工程价款结算的阶段有哪些？

5. 竣工结算备案时提供的资料有哪些？

任务三　电力工程概预算编制

【任务描述】

熟悉电力工程工程费用的组成，掌握电力工程的工程量清单计价，掌握电力工程概算、施工图预算、施工预算、竣工决算、竣工结算的编制。

【任务分析】

(1) 通过对直接费、间接费、利润和税金的列举讲述，熟悉电力工程工程费用的组成。

(2) 了解工程量清单的定义、工程量清单的依据、工程量清单计价的应用范围、工程量清单的有关术语、工程量清单的编制。掌握工程量清单计价。

(3) 了解电力工程概算的作用、电力工程概算的编制依据，掌握单位工程概算的编制、单项工程综合概算的编制、建设项目总概算的编制，熟悉概算的审核过程。

(4) 熟悉施工图预算的基本概念、施工图预算的作用、施工图预算的编制依据，掌握施工图预算的内容、单位工程施工图预算的编制方法，熟悉施工图预算的审核。

(5) 掌握建设工程施工预算的概念、建设工程施工预算的作用，掌握施工预算的内容构成，了解施工预算编制的要求、施工预算编制的依据，掌握施工预算编制的方法，了解"两算"的对比。

(6) 熟悉建设项目竣工决算的概念及作用，了解竣工决算的内容，掌握竣工决算的编制。

(7) 熟悉工程结算的内容、竣工结算的作用、竣工结算的编制依据、竣工结算遵循的原则，掌握竣工结算的编制步骤和方法，了解国有投融资建筑工程竣工结算的备案。

【任务实施】

一、电力工程费用的组成

电力工程费由直接费、间接费、利润和税金组成。

(一) 直接费

直接费由直接工程费和措施费组成。

(1) 直接工程费：是指施工过程中耗费的构成工程实体的各项费用，包括人工费、材料费、施工机械使用费。

1) 人工费：是指直接从事建筑安装工程施工的生产工人开支的各项费用，内容包括：

a) 基本工资：是指发放给生产工人的基本工资。

b) 工资性补贴：是指按规定标准发放的物价补贴，煤、燃力补贴，交通补贴，住房补贴，流动施工津贴等。

c) 生产工人辅助工资：是指生产工人年有效施工天数以外非作业天数的工资，包括职工学习、培训期间的工资，调动工作、探亲、休假期间的工资，因气候影响的停工工资，女工哺乳时间的工资，病假在 6 个月以内的工资及产、婚、丧假期的工资。

d）职工福利费：是指按规定标准计提的职工福利费。

e）生产工人劳动保护费：是指按规定标准发放的劳动保护用品的购置费及修理费，徒工服装补贴，防暑降温费，在有碍身体健康环境中施工的保健费用等。

2）材料费：是指施工过程中耗费的构成工程实体的原材料、辅助材料、构配件、零件、半成品的费用。内容包括：

a）材料原价（或供应价格）。

b）材料运杂费：是指材料自来源地运至工地仓库或指定堆放地点所发生的全部费用。

c）运输损耗费：是指材料在运输装卸过程中不可避免的损耗。

d）采购及保管费：是指为组织采购、供应和保管材料过程中所需要的各项费用。包括采购费、仓储费、工地保管费、仓储损耗。

e）检验试验费：是指对建筑材料、构件和建筑安装物进行一般鉴定、检查所发生的费用，包括自设试验室进行试验所耗用的材料和化学药品等费用。不包括新结构、新材料的试验费和建设单位对具有出厂合格证明的材料进行检验，对构件作破坏性试验及其他特殊要求检验试验的费用。

3）施工机械使用费：是指施工机械作业所发生的机械使用费以及机械安拆费和场外运费。施工机械台班单价应由下列七项费用组成：

a）折旧费：指施工机械在规定的使用年限内，陆续收回其原值及购置资金的时间价值。

b）大修理费：指施工机械按规定的大修理间隔台班进行必要的大修理，以恢复其正常功能所需的费用。

c）经常修理费：指施工机械除大修理以外的各级保养和临时故障排除所需的费用。包括为保障机械正常运转所需替换设备与随机配备工具附具的摊销和维护费用，机械运转中日常保养所需润滑与擦拭的材料费用及机械停滞期间的维护和保养费用等。

d）安拆费及场外运费：安拆费指施工机械在现场进行安装与拆卸所需的人工、材料机械和试运转费用以及机械辅助设施的折旧、搭设、拆除等费用；场外运费指施工机械整体或分体自停放地点运至施工现场或由一施工地点运至另一施工地点的运输、装卸、辅助材料及架线等费用。

e）人工费：指机上司机（司炉）和其他操作人员的工作日人工费及上述人员在施工机械规定的年工作台班以外的人工费。

f）燃料动力费：指施工机械在运转作业中所消耗的固体燃料（煤、木柴）、液体燃料（汽油、柴油）及水、电等。

g）养路费及车船使用税：指施工机械按照国家规定和有关部门规定应缴纳的养路费、车船使用税、保险费及车检费等。

（2）措施费：是指为完成工程项目施工，发生于该工程施工前和施工过程中非工程实体项目的费用。内容包括：

1）环境保护费：是指施工现场为达到环保部门要求所需要的各项费用。

2）文明施工费：是指施工现场文明施工所需要的各项费用。

3）安全施工费：是指施工现场安全施工所需要的各项费用。

4）临时设施费：是指施工企业为进行建筑工程施工所必须搭设的生活和生产用的临时建筑物、构筑物和其他临时设施费用等。临时设施包括：临时宿舍、文化福利及公用事业房屋与构筑物，仓库、办公室、加工厂以及规定范围内道路、水、电、管线等临时设施和小型临时设施。临时设施费用包括：临时设施的搭设、维修、拆除费或摊销费。

5）夜间施工费：是指因夜间施工所发生的夜班补助费、夜间施工降效、夜间施工照明设备摊销及照明用电等费用。

6）二次搬运费：是指因施工场地狭小等特殊情况而发生的二次搬运费用。

7）大型机械设备进出场及安拆费：是指机械整体或分体自停放场地运至施工现场或由一个施工地点运至另一个施工地点，所发生的机械进出场运输转移费用及机械在施工现场进行安装、拆卸所需的人工费、材料费、机械费、试运转费和安装所需的辅助设施的费用。

8）混凝土、钢筋混凝土模板及支架费：是指混凝土施工过程中需要的各种钢模板、木模板、支架等的支、拆、运输费用及模板、支架的摊销（或租赁）费用。

9）脚手架费：是指施工需要的各种脚手架搭、拆、运输费用及脚手架的摊销（或租赁）费用。

10）已完工程及设备保护费：是指竣工验收前，对已完工程及设备进行保护所需费用。

11）施工排水、降水费：是指为确保工程在正常条件下施工，采取各种排水、降水措施发生的各种费用。

（二）间接费

间接费由规费、企业管理费组成。

（1）规费：是指政府和有关权力部门规定必须缴纳的费用（简称规费）。包括：

1）工程排污费：是指施工现场按规定缴纳的工程排污费。

2）工程定额测定费：是指按规定支付工程造价（定额）管理部门的定额测定费。

3）社会保障费。其中包括：

a）养老保险费：是指企业按规定标准为职工缴纳的基本养老保险费。

b）失业保险费：是指企业按照国家规定标准为职工缴纳的失业保险费。

c）医疗保险费：是指企业按照规定标准为职工缴纳的基本医疗保险费。

4）住房公积金：是指企业按规定标准为职工缴纳的住房公积金。

5）危险作业意外伤害保险：是指按照建筑法规定，企业为从事危险作业的建筑安装施工人员支付的意外伤害保险费。

（2）企业管理费：是指建筑安装企业组织施工生产和经营管理所需费用。内容包括：

1）管理人员工资：是指管理人员的基本工资、工资性补贴、职工福利费、劳动保护费等。

2）办公费：是指企业管理办公用的文具、纸张、账表、印刷、邮电、书报、会议、水电、烧水和集体取暖（包括现场临时宿舍取暖）用煤等费用。

3）差旅交通费：是指职工因公出差、调动工作的差旅费、住勤补助费，市内交通费和误餐补助费，职工探亲路费，劳动力招募费，职工离退休、退职一次性路费，工伤人员就医路费，工地转移费以及管理部门使用的交通工具的油料、燃料、养路费及牌照费。

4）固定资产使用费：是指管理和试验部门及附属生产单位使用的属于固定资产的房屋、设备仪器等的折旧、大修、维修或租赁费。

5）工具用量使用费：是指管理使用的不属于固定资产的生产工具、器具、家具、交通工具和检验、试验、测绘、消防用具等的购置、维修和摊销费。

6）劳动保险费：是指由企业支付离退休职工的易地安家补助费、职工退职金、6个月以上的病假人员工资、职工死亡丧葬补助费、抚恤费、按规定支付给离休干部的各项经费。

7）工会经费：是指企业按职工工资总额计提的工会经费。

8）职工教育经费：是指企业为职工学习先进技术和提高文化水平，按职工工资总额计提的费用。

9）财产保险费：是指施工管理用财产、车辆保险。

10）财务费：是指企业为筹集资金而发生的各种费用。

11）税金：是指企业按规定缴纳的房产税、车船使用税、土地使用税、印花税等。

12）其他：包括技术转让费、技术开发费、业务招待费、绿化费、广告等、公证费、法律顾问费、审计费、咨询费等。

（三）利润

利润是指施工企业完成所承包工程获得的盈利。

二、电力工程的工程量清单计价

（一）工程量清单的定义

拟建工程的分部分项工程项目、措施项目、其他项目、规费项目和税金项目的名称和相应数量的明细清单。

（二）工程量清单的依据

（1）《建设工程工程量清单计价规范》（GB 50500—2008）。

（2）国家或省级、行业建设主管部门颁发的计价依据和办法。

（3）建设工程设计文件。

（4）与建设工程项目相关的标准、规范、技术资料。

（5）招标文件及其补充通知、答疑纪要。

（6）施工现场情况、工程特点及常规施工方案。

（7）其他相关资料。

（三）工程量清单计价的应用范围

（1）全部使用国家资金（含国家融资资金）投资或国有资金投资为主（以下两者简称国有资金投资）的工程建设项目，必须采用工程量清单计价。

（2）非国有资金投资的工程建设项目，可采用工程量清单计价。

（四）工程量清单的有关术语

（1）项目编码：分部分项工程量清单项目名称的数字标识。

（2）项目特征：构成分部分项工程量清单项目、措施项目自身价值的本质特征。

（3）综合单价：完成一个规定计量单位的分部分项工程量。清单项目或措施清单项目所需要的人工费、材料费、施工机械使用费和企业管理费与利润以及一定范围内的风险费用。

（4）措施项目：为完成工程项目施工，发生于该工程施工准备和施工过程中技术、生活、安全、环境保护等方面的非工程实体项目。

（5）暂列金额：招标人在工程量清单中暂定并包括在合同价款中的一笔款项。用于施工合同签订时尚未确定或者不可预见的所需材料、设备、服务的采购，施工中可能发生的工程变更、合同约定调整因素出现时的工程价款调整以及发生的索赔、现场签证确认等的费用。

（6）暂估价：招标人在工程量清单中提供的用于支付必然发生但暂时不能确定的材料单价以及专业工程的金额。

（7）计日工：在施工过程中，完成发包人提出的施工图纸以外的零星项目或工作，按合同中约定的综合单价计价。

（8）总承包服务费：总承包人为配合协调发包人进行的工程分包，自行采购的设备、材料等进行管理、服务以及施工现场管理、竣工资料汇总整理等服务所需的费用。

（9）索赔：在合同履行过程中，对于非己方的过错而应由对方承担责任的情况造成的损失，向对方提出的补偿的要求。

（10）现场签证：发包人现场代表与承包人现场代表就施工过程中涉及事项所作的签认证明。

（11）企业定额：施工企业根据本企业的施工技术和管理水平而编制的人工、材料和施工机械台班等的消耗标准。

（12）不可抗力：发、承包人都不可预见、不能避免并不能克服的客观情况。包括战争、动乱、空中飞行物体坠落或其他非发、承包人责任造成的爆炸、火灾，以及合同专项条款约定的风、雨、雪、洪、震等自然灾害。

（13）规费：根据省级政府或省级有关权力部门规定必须缴纳的，应计入建筑安装工程造价的费用。

（14）税金：国家税法规定的应计入建筑安装工程造价内的营业税、城市维护建设税及教育费附加等。

（15）发包人：具有工程发包主体资格和支付工程价款能力的当事人应即取得该当事人资格的合法继承人。

（16）承包人：被发包人接受的具有工程施工承包主体资格的当事人以及取得该当事人资格的合法继承人。

（17）造价工程师：取得《造价工程师注册证书》，在一个单位注册从事建设工程造价活动的专业人员。

（18）造价员：取得《全国建设工程造价员资格证书》，在一个单位注册从事建设工程造价活动的专业人员。

（19）工程造价咨询人：取得工程造价咨询资质等级证书，接受委托从事建设工程造价咨询活动的企业。

（20）招标控制价：招标人根据国家或省级、行业建设主管部门颁发的有关计价依据和办法，按设计施工图纸计算的，对招标工程限定的最高工程造价。

（21）投标价：投标人投标时报出的工程造价。

（22）合同价：发、承包人双方在施工合同中约定的工程造价。

（23）竣工结算价：发、承包人双方依据国家有关法律、法规和标准规定，按照合同约定确定的最终工程造价。

（五）工程量清单的编制

工程量清单应由具有编制能力的招标人或受其委托，具有相应资质的工程造价咨询人编制。采用工程量清单方式招标，工程量清单必须作为招标文件的组成部分，其准确性和完整性由招标人负责。工程量清单是工程量清单计价的基础，应作为编制招标控制价、投标报价、计算工程量、支付工程款、调整合同价款、办理竣工结算以及工程索赔的依据之一。

工程量清单应由分部分项工程量清单、措施项目清单、其他项目清单、规费项目清单、税金项目清单组成。

1. 分部分项工程量清单

（1）分部分项工程量清单应包括项目编码、项目名称、项目特征、计量单位和工程量。

（2）分部分项工程量清单应根据附录规定的项目编码、项目名称、项目特征、计量单位和工程量计算规则编制。

（3）分部分项工程量清单的项目编码，应采用12位阿拉伯数字标识。1～9位应按附录的规定设置，10～12位应根据拟建工程的工程量清单项目名称设置，不得有重码。

（4）分部分项工程量清单的项目名称应按附录的项目名称结合拟建工程的实际确定。

（5）分部分项工程量清单中所列的工程量应按附录中规定的工程量计算规则计算。

（6）分部分项工程量清单的计量单位应按附录中规定的计量单位确定。

（7）分部分项工程量清单项目特征应按附录中规定的项目特征结合拟建工程项目的实际予以描述。

（8）编制工程量清单出现附录中未包括的项目，编制人应作补充，并报省级或行业工程造价管理机构备案，省级或行业工程造价管理机构应汇总报建设部标准定额研究所。补充项目的编码由附录的顺序码与 B 和三位阿拉伯数字组成，并应从×B001 起顺序编制，同一招标工程的项目不得重码。工程量清单中需附有补充项目的名称、项目特征、计量单位、工程量计算规则、工程内容。

2. 措施项目清单

（1）措施项目清单应根据拟建工程的实际情况列项。通用措施项目可按表 1-2 通用措施项目一览表选择列项，专业工程的措施项目可按附录中规定的项目选择列项。若出现本规范未列的项目，可根据实际情况补充。

表 1 - 2 通用措施项目一览表

序　号	项　目　名　称
1	安全文明施工（含环境保护、文明施工、安全施工、临时设施）
2	夜间施工
3	二次搬运
4	冬雨季施工
5	大型机械设备进出场及安拆
6	施工排水
7	施工降水
8	地上、地下设施，建筑物的临时保护设施
9	已完工程及设备保护

（2）措施项目中可以计算工程量的项目清单宜采用分部分项工程量清单的方式编制，列出项目编码、项目名称、项目特征、计量单位和工程量计算规则；不能计算工程量的项目清单，以"项"为计量单位。

3. 其他项目清单

（1）其他项目清单宜按照下列内容列项。暂列金额；暂估价，包括材料暂估单价、专业工程暂估价；计日工；总承包服务费。如果出现未列的项目，可根据工程实际情况补充。

（2）规费项目清单。规费项目清单应按照下列内容列项：工程排污费；工程定额测定费；社会保障费，包括养老费、失业保障费、医疗保险费；住房公积金；危险作业意外伤害保险。如果出现未列出的项目，应根据省级政府或省级有关权力部门的规定列项。

（3）税金项目清单。税金项目清单包括下列内容：营业税；城市维护建设税；教育税附加。如果出现未列的项目，应根据税务部门的规定列项。

（六）工程量清单计价

1. 一般规定

（1）采用工程量清单的单位工程由分部分项工程费、措施项目费、其他项目费、规费和税金组成。

（2）分部分项工程量清单应采用综合单价计价。

（3）招标文件中的工程量清单标明的工程量是投标人投标报价的共同基础，竣工结算的工程量按发、承包双方在合同中约定应予计量实际完成的工程量确定。

（4）措施项目清单应根据拟建工程的施工组织设计，可以计算工程量适宜采用分部分项工程量清单方式的措施项目应采用综合单价计价；其余的措施项目可以"项"为单位的方式计价，应包括除规费，税金外的全部费用。

（5）措施项目清单中的安全文明施工费应按照国家或省级、行业建设主管部门的规定计价，不得作为竞争性费用。

（6）其他项目清单应根据工程特点和参照"招标控制价"的（6）、"投标价"的（6）和"竣工结算"的（6）的规定计价。

（7）招标人在工程量清单中提供了暂估价的材料和专业工程属于依法必须招标的，由承包人和招标人共同通过招标确定材料单价与专业工程分包价。

若材料不属于依法必须招标的，经发、承包双方协商确定单价后计价。

若专业工程不属于必须招标的，由发包人、总承包人与分包人按有关计价依据进行计价。

（8）规费和税金应按国家或省级、行业建设主管部门的规定计算，不得作为竞争性费用。

（9）采用工程量清单计价的工程，应在招标文件或合同中明确风险内容及其范围（幅度），不得采用无限风险或所有风险或类似语句规定风险内容及其范围（幅度）。

2. 招标控制价

（1）国有资金投资的工程建设项目应实行工程量清单招标、并应编制招标控制价。招标控制价超过批准的概算时，招标人应将其报原概算审批部门审核。投标人的投标报价高于招标控制价的，其投标应予拒绝。

（2）招标控制价应由具有编制能力的招标人或受其委托，具有相应资质的工程造价咨询人编制。

（3）招标控制价应根据下列依据编制。

1）《建设工程工程量清单计价规范》（GB 50500—2008）。

2）国家或省级、行业建设主管部门颁发的计价定额和计价办法。

3）建设工程设计文件及相关资料。

4）招标文件中的工程量清单及有关要求。

5）与建设项目相关的标准、规定、技术资料。

6）工程造价管理机构的工程造价信息，工程造价信息没有发布的材料参照市场价。

7）其他的相关资料。

（4）分部分项工程费应根据招标文件中的分部分项工程量清单及有关要求，按"招标控制"中的（3）规定确定综合单价计价。

综合单价中应包括招标文件中要求投标人承担的风险费用。招标文件提供了暂估单价的材料，按暂估的单价计入综合单价。

（5）措施项目费应根据招标文件中的措施项目清单按"一般规定"的（4）、（5）和"招标控制价"的（3）的规定计价。

（6）其他项目费的计价。

1）暂列金额应根据工程特点，按有关计价规定估算。

2）暂估价中的材料单价应根据工程造价信息或参照市场价格估算。暂估价中的专业工程金额应分不同专业，按有关计价规定估算。

3）计日工应根据工程特点和有关计价依据计算。

4）总承包服务费应根据招标文件列出的内容和要求估算。

（7）规费和税金应按国家或省级、行业建设主管部门的规定计算，不得作为竞争性费用。

（8）招标控制价应在招标文件中公布，不应上调或下浮，招标人应将招标控制价及有关资料报送工程所在地工程造价管理机构备查。

（9）投标人经复核认为招标人公布的招标控制价未按照本规范的规定进行编制的，应在开标前 5 日向招投标监督机构或（和）工程造价管理机构投诉。

招投标监督机构应会同工程造价管理机构对投诉进行处理，发现确有错误的，应责成招标人修改。

3. 投标价

（1）除本规范强制性规定外，投标价由投标人自主确定，但不得低于成本。投标价应由投标人或受其委托，具有相应资质的工程造价咨询人编制。

（2）投标人应按招标人提供的工程量清单填报价格。填写的项目编码、项目名称、项目特征、计量单位、工程量必须与招标人提供的一致。

（3）投标报价应根据下列编制。

1）《建设工程工程量清单计价规范》（GB 50500—2008）。

2）国家或省级、行业建设主管部门颁发的计价办法。

3）企业定额，国家或省级、行业建设主管部门颁发的计价定额。

4）招标文件、工程量清单及其补充通知、答疑纪要。

5）建设工程设计文件及相关资料。

6）施工现场情况、工程特点及拟定的投标施工组织设计或施工方案。

7）与建设项目相关的标准、规范等技术资料。

8）市场价格信息或工程造价管理机构发布的工程造价信息。

9）其他的相关资料。

（4）分部分项工程应依据综合单价的组成内容，按招标文件中分部分项工程量清单项目的特征描述确定的综合单价计算。

综合单价中应考虑招标文件中要求投标人承担的风险费用。招标文件中提供了暂估单价的材料，按暂估的单价计入综合单价。

（5）投标人可根据工程实际情况结合施工组织设计，对招标人所列的措施费项目进行增补。

措施项目费应根据招标文件中的措施项目清单及投标时拟定的施工组织设计或施工方案按"一般规定"的（4）的自主确定。其中安全文明施工费应按照"一般规定"的（5）的规定确定。

（6）其他项目费应按下列规定报价。

1）暂列金额应按招标人在其他项目清单中列出的金额填写。

2）材料暂估价应按招标人在其他项目清单中列出的单价计入综合单价；专业工程暂估价应按招标人在其他项目清单中列出的金额填写。

3）计日工按招标人在其他项目清单中列出的项目和数量，自主确定综合单价并计算计日工费用。

4）总承包服务费根据招标文件中列出的内容和提出的要求自主确定。

（7）规费和税金应按国家或省级、行业建设主管部门的规定计算，不得作为竞争性费用。

（8）投标总价应当与分部分项工程费、措施项目费、其他项目费和规费、税金的合计金额一致。

4．工程合同价款的约定

（1）实行招标的工程合同价款应在中标通知书发出之日起 30 日内，由发、承包双方依据招标文件和中标人的投标文件在书面合同中约定。

不实行招标的工程合同价款，在发、承包双方认可的工程价款的基础上，由发、承包双方在合同中约定。

（2）实行招标的工程，合同约定不得违背招、投标文件中关于工期、造价、质量等方面的实质性内容，招标文件与中标人投标文件不一致的地方，以投标文件为准。

（3）实行工程量清单计价的工程，宜采用单价合同。

（4）发、承包双方应在合同条款中对下列事项进行约定。合同中没有预定或约定不明白的，由双方协商确定；协商不能达成一致的，按本规范执行。

1）预付工程款的数额、支付时间和抵扣方式。

2）工程计量与支付工程进度款的方式、数额及时间。

3）工程量价款的调整因素、方法、程序、支付及时间。

4）索赔与现场签证的程序、金额确认与支付时间。

5）发生工程价款争议的解决方法及时间。

6）承担风险的内容、范围以及超出约定内容、范围的调整方法。

7）工程竣工价款结算编制与核对、支付及时间。

8）工程质量保证（保修）金的数额、预扣方式及时间。

9）与履行合同、支付价款有关的其他事项等。

5．工程计量与价款支付

（1）发包人应按照合同约定支付工程款。支付的工程款，按照合同约定在工程进度款中抵扣。

（2）发包人支付工程进度款，应按照合同约定计量和支付，支付周期同计量周期。

（3）工程计量时，若发现工程量清单出现漏项，工程量计量偏差，以及工程量变更引起的工程量的增减，应按承包人在履行合同义务过程中实际完成的工程量计算。

（4）承包人应按照合同规定，向发包人递交已完工程量报告，发包人应在接到报告后按合同约定进行核对。

（5）承包人应在每个支付周期末，向发包人递交进度款支付申请，并附相应的证明文件。除合同另有的约定外，进度款支付申请应包括下列内容。

1）本周期已完成工程的价款。

2）累计已完成的工程价款。

3）累计已支付的工程价款。

4）本周期已完成计日工金额。

5）应增加和扣缴的变更金额。

6）应增加和扣缴的索赔金额。

7）应抵扣的工程预付款。

8）应扣减的质量保证金。

9）根据合同应增加和扣减的其余金额。

10）本付款周期实际应支付的工程价款。

（6）发包人在收到承包人递交的工程进度款支付申请及相应的证明文件后，发包人应在合同约定时间内核对和支付工程进度款。发包人应扣回工程预付款，与工程进度款同期结算抵扣。

（7）发包人未在合同约定时间内支付工程进度款，承包人应及时向发包人发出要求付款的通知，发包人收到承包人通知后仍不按要求付款，可与承包人协商签订延期付款协议，经承包人同意后延期支付。协议应明确延期支付的时间和从付款申请生效后按同期银行贷款利率计算应付款的利息。

（8）发包人不按合同约定支付工程进度款，双方又未达成延期付款协议，导致施工无法进行时，承包人可停止施工，由发包人承担违约责任。

6．索赔与现场签证

（1）合同一方向另一方提出索赔时，应有正当的索赔理由和有效证据，应符合合同的相关约定。

（2）若承包人认为非承包人原因发生的事件造成了承包人的经济损失，承包人应在确认该事件发生后，按合同约定向发包人发出索赔通知。

发包人在收到最终索赔报告后并在合同约定时间内，未向承包人作出答复，视为该项索赔已经认可。

（3）承包人索赔按下列程序处理：

1）承包人在合同约定时间内向发包人递交费用索赔意向通知书。

2）发包人指定专人收集与索赔有关的资料。

3）承包人在合同约定时间内向发包人递交索赔申请表。

4）发包人指定的专人初步审查费用索赔申请表，符合第1）条规定的条件时予以受理。

5）发包人指定的专人进行费用索赔核对，经工程造价师复核索赔金额后，与承包人协商确定并由发包人批准。

6）发包人指定的专人应在合同约定的时间内签署费用索赔审批表或发出要求承包人提交有关索赔的进一步详细资料的通知，待收到承包人提交的详细资料后，按本条4）、5）款的程序进行。

（4）若承包人的费用索赔与工程延期索赔要求相关联时，发包人在作出费用索赔的批准决定时，应结合工程延期的批准，综合作出费用索赔和工程延期的决定。

（5）若发包人认为由于承包人的原因造成额外损失，发包人应在确认引起索赔的事件后，按合同约定的时间内向承包人发出通知。承包人在收到发包人索赔通知后并在合同约定时间内，未向发包人做出答复，视为该项索赔已经认可。

（6）承包人在收到发包人要求完成合同以外的零星工作或非承包人责任事件发生时，承包人应按合同约定及时向发包人提出现场签证。

（7）发承包双方确认的索赔与现场签证费用与工程进度款同期支付。

7．工程价款调整

（1）招标工程以投标截止日期前 28 日，非招标工程以合同签订前 28 日为基准日，其后国家的法律、法规、规章和政策发生变化影响工程造价时，应按省级或行业建设主管部门或其授权的工程造价管理机构发布的规定调整合同价款。

（2）若施工中出现施工图纸（含设计变更）与工程量清单项目特征描述不符的，发、承包双方应按新的项目特征确定相应的工程量清单项目的综合单价。

（3）因分部分项工程量清单漏项或非承包人原因的工程变更，造成新的工程量清单项目，其对应的综合单价按下列方法确定：

1）合同中已有合适的综合单价，按合同中已有的综合单价确定。

2）合同中有类似的综合单价，参照类似的综合单价确定。

3）合同中没有合适或类似的综合单价，由承包人提出综合单价，经发包人确认后执行。

（4）因分部分项工程量清单漏项或非承包人原因的工程变更，引起措施项目发生变化，造成施工组织设计或施工方案变更，原措施费中已有的措施项目，按原措施费的组价方法调整；原措施费中没有的措施项目，由承包人根据措施项目变更情况，提出适当的措施费变更，经发包人确认后调整。

（5）因非承包人原因引起的工程量增减，该项工程量变化在合同约定幅度以内的，应执行原有的综合单价；该项工程在合同约定幅度以外的，其综合单价及措施项目费应予以调整。

（6）若施工期内市场价格波动超出一定幅度时，应按合同规定调整工程价款；合同没有约定或约定不明的，应按省级或行业建设主管部门或其授权的工程造价管理机构的规定调整。

（7）因不可抗力事件导致的费用，发、承包双方应按以下原则分别承担并调整工程价款。

1）工程本事的损害、因工程损害导致第三方人员伤亡和财产损失以及运至施工场地用于施工的材料和待安装的设备的损害，由发包人承担。

2）发包人、承包人人员伤亡由其所在的单位负责，并承担相应费用。

3）承包人的施工机械设备损坏及停工损失，由承包人承担。

4）停工期间，承包人应发包人要求留在施工场地的必要的管理人员及保卫人员的费用由发包人承担。

5）工程所需清理、修复费用，由发包人承担。

（8）工程价款调整报告由受益方在合同约定时间内向合同的另一方提出，经对方确认后调整合同价款。受益方未在合同约定时间内提出工程价款调整报告的，视为不涉及合同价款的调整。

收到工程价款调整报告的一方应在合同约定时间内确认或提出协商意见，否则，视为工程价款调整报告已经确认。

（9）经发承包双方确定调整的工程价款，作为追加（减）合同价款与工程进度款同期支付。

8. 竣工结算

(1) 工程完工后，发、承包双方应在合同约定时间内办理工程竣工结算。

(2) 工程竣工结算由承包人或受其委托具有相应资质的工程造价咨询人员编制，由发包人或受其委托具有相应资质的工程造价咨询人员核对。

(3) 工程竣工结算应依据以下几方面。

1)《建设工程工程量清单计价规范》（GB 50500—2008）。

2) 施工合同。

3) 工程竣工图纸及资料。

4) 双方确认的工程量。

5) 双方确认追加（减）的工程价款。

6) 双方确认的索赔、现场签证事项及价款。

7) 投标文件。

8) 招标文件。

9) 其他依据。

(4) 分部分项工程费应依据双方确认的工程量，合同约定的综合单价或双方确认调整后的综合单价计算。

(5) 措施项目费应依据合同约定的项目和金额，双方确认调整的金额计算，其中安全文明施工费应按"一般规定"中的（5）规定计算。

(6) 其他项目费用应按下列规定计算。

1) 计日工应按发包人实际签证确认的事项计算。

2) 暂估价中的材料单价应按发、承包双方最终确认价在综合单价中调整。专业工程暂估价应按中标价或发包人、承包人与分包人最终确认价计算。

3) 总承包服务费应依据合同约定金额，发、承包人双方确认调整的金额计算。

4) 索赔费用应依据合同约定金额，发、承包双方确认调整的金额计算。

5) 现场签证费用应依据发、承包双方签证资料确认的金额计算。

6) 暂列金额应减去工程价款调整与索赔、现场签证金额计算，如有余额归发包人。

(7) 规费和税金应按国家或省级、行业建设主管部门的规定计算，不得作为竞争性费用。

(8) 承包人应在合同约定时间内编制完成竣工结算书，并在提交竣工验收报告的同时递交给发包人。承包人在合同约定时间内递交竣工结算书，经发包人催促后仍未提供或没有明确答复的，发包人可以根据已有资料办理结算。

(9) 发包人在收到承包人递交的竣工结算书后，应按合同约定时间核对。同一工程竣工结算核对完成，发、承包双方签字确认后，禁止发包人有要求承包人与另一或多个工程造价咨询人重复核对竣工结算。

(10) 发包人或受其委托的工程造价咨询人收到承包人递交的竣工结算后，在合同约定时间内，不核对竣工结算或未提出核对意见的，视为承包人递交的竣工结算书已经认可，发包人应向承包人支付工程结算价款。承包人在接到发包人提出的核对意见后，在合同约定时间内，不确认也未提出异议的，视为发包人提出的核对意见已经认可，竣工结算办理完毕。

（11）发包人应对承包人递交的竣工结算书签收，拒不签收的，承包人可以不交付竣工工程。承包人未在合同约定时间内递交竣工结算书的，发包人要求交付竣工工程，承包人应当交付。

（12）竣工结算办理完毕，发包人应将竣工结算书报送工程所在地工程造价管理机构备案。竣工结算书作为工程竣工验收备案、交付使用的必备文件。

（13）竣工结算办理完毕，发包人应根据确认的竣工结算书在合同约定时间内承包人支付工程竣工结算价款。

（14）发包人未在合同约定时间内向承包人支付工程结算价款的，承包人可催告发包人支付结算价款。如达成延期支付协议的，发包人应按同期银行同类贷款率支付拖欠工程价款的利息。如未达成延期支付协议，承包人可以与发包人协商将该工程折价，或申请人民法院将该工程依法拍卖，承包人就该工程折价或者拍卖的价款优先受偿。

9. 工程计价争议处理

（1）在工程计价中，对工程造价计价依据、办法以及相关政策规定发生争议事项的，出工程造价管理机构负责解释。

（2）发包人以对工程质量有异议、拒绝办理工程竣工结算的，已竣工验收或已竣工未验收但实际投入使用的工程，其质量争议按该工程保修合同执行，竣工结算按合同约定办理；已竣工未验收且未实际投入使用的工程以及停工、停建工程的质量争议，双方应就有争议的部分委托有资质的检测鉴定机构进行检测，根据检测结果确定解决方案，或按工程质量监督机构的处理决定执行后办理竣工结算，无争议部分的竣工结算按合同约定办理。

（3）发、承包双方发生工程造价合同纠纷时，应通过下列办法解决。

1）双方协商。

2）提请调解。工程造价管理机构负责调解工程造价问题。

3）按合同约定向仲裁机构申请仲裁或向人民法院起诉。

在合同纠纷案件处理中，需作工程造价鉴定的，应委托具有相应资质的工程造价咨询人进行。

三、电力工程概算的编制

在工程的初步设计阶段需要编制总概算，在技术设计阶段需要编制修正总概算。概算分为三级：单位工程概算、单项工程概算、建设项目总概算。电力工程概算属于单位工程，和其他项目概算一起汇总成单项工程概算。另外，还有一些其他工程和费用虽然不和安装工程发生直接联系，但是完成该工程必不可少的费用开支项目，也需要与单项工程一起列入总概算中。

（一）电力工程概算的作用

设计概算是国家制定和控制建设投资的依据，是编制建设计划的依据，是进行拨款和贷款的依据，是签订总承包合同的依据，是考核设计方案的经济合理性和控制施工图预算和施工图设计的依据，是考核和评价工程建设项目成本和投资效果的依据。

（二）电力工程概算的编制依据

国家发布的有关法律、法规、规章、规程等，批准的可行性研究报告及投资估算、设计图纸等有关资料，有关部门颁发的现行概算定额、概算指标、费用定额等和建设项目设计概算编制方法，有关部门发布的人工、材料价格，有关设备原价及运杂费率、造价指数等，建设场地等自然条件和施工条件，有关合同、协议等，其他有关资料。

（三）单位工程概算编制

编制单位工程概算时，区分建筑工程和安装工程的情况，有不同的编制方法。

1. 单位建筑工程概算编制方法

单位建筑工程概算编制方法有概算定额法、概算指标法和类似工程预算法三种。

（1）概算定额法。初步设计达到一定深度，建筑结构比较明确的工程可以采用概算定额法。

建筑工程概算定额，又称扩大结构定额，是在预算定额的基础上以主要分项工程为准，综合相关分项的扩大定额。是国家或授权机关为了编制概算，规定生产一定计量单位的建筑工程、扩大机构构件或扩大分项工程所需要的人工、材料和施工机械台班消耗量及费用的数量标准。

概算定额项目划分，是在预算定额的基础上进一步综合、扩大，以主体结构分部为主，根据施工顺序相衔接和关联性较大的分项工程划分项目。由于概算定额综合了若干分项工程预算定额项目，比预算定额更加综合，因此同一工程概算中各子目录的计算比预算子目录的计算简便，概算书的编制比预算简便，但精确度相对地有所降低。

概算定额法的编制步骤为：

1）收集图纸、概算定额和相关法规。

2）熟悉图纸和设计说明。

3）划分工程项目，分项计算工程量。

4）编制工程概算表，套用概算定额，计算单位工程直接费。

5）计算各项工程费。

6）编写编制说明。

7）计算技术经济指标。

8）填写封面。

（2）概算指标法和类似工程预算法。对于初步设计深度不够的工程，不能准确地计算工程量，但工程设计时采用技术比较成熟而又有类似工程概算指标可以利用的情况，可以采用概算指标法。拟建工程初步设计没有可用的概算指标，可以根据已经完成的或在建的类似工程为参照，用类似工程概算法计算工程概算，但是，必须将差异进行调整，具体计算方法可参看相关资料。

2. 单位设备及安装工程概算编制方法

设备及安装工程分为机械设备及安装工程和电力设备及安装工程两部分。设备及安装工程的概算由设备购置费和安装工程费两部分组成。

（1）设备购置费。设备购置费是指为建设工程购置或自制的达到固定资产标准的设备、工具、器具的费用。新建项目、扩建项目购置或自制的全部设备、工具、器具，不论是否达到固定资产标准，均计入设备、工器具购置费中。

设备购置费包括设备原价和设备运杂费，即

$$设备购置费＝设备原价或进口设备抵岸价＋设备运杂费$$

上式中，设备原价系指国产标准设备、非标准设备的原价。设备运杂费是指设备原价中未包括的包装和包装材料费、运输费、装卸费、采购费及仓库保管费、供销部门手续费等。

1）国产标准设备原价。国产标准设备是指按照主管部门颁布的标准图纸和技术要求，由设备生产厂批量生产的，符合国家质量检验标准的设备。国产标准设备原价一般指的是设备制造厂的交货价，及出厂价。

2）国产非标准设备原价。非标准设备是指国家尚无定性标准，各设备生产厂不可能在工艺工程中采用批量生产，只能按一次订货，并根据具体的设备图纸制造的设备。非标准设备原价有多种不同的计算方法，如成本计算估价法、系列设备插入估价法、分部组合估计法、定额估价法等。

3）进口设备抵岸价的构成及其计算。进口设备抵岸价是指抵达买方边境港口或边境车站，且交完关税以后的价格。进口设备如果采用装运港船上交货价，其抵岸价构成可概括为：

$$进口设备抵岸价＝货价＋国外运费＋国外运输保险费＋银行财务费＋外贸手续费$$
$$＋进口关税＋增值税＋海关监管手续费$$

进口设备的货价：货价＝离岸价×人民币外汇牌价

国外运费：国外运费＝离岸价×运费率或国外运费＝运量×单位运价

国外运输保险费：国外运输保险费＝（离岸价＋国外运输保险费）×国外保险费率

银行财务费：银行财务费＝离岸价×人民币外汇牌价×银行财务费率

外贸手续费：外贸手续费＝到岸价×人民币外汇牌价×外贸手续费率

进口关税：进口关税＝到岸价×人民币外汇牌价×进口关税率

增值税：进口产品增值税额＝组成计税价格×增值税率

组成计税价格＝到岸价×人民币外汇牌价＋进口关税＋消费税

消费税：对部分进口产品（如轿车等）征收。

消费税＝（到岸价×人民币外汇牌价＋关税）/（1－消费税率）×消费税率

海关监管手续费：手续费＝到岸价×人民币外汇牌价×海关监管手续费率

4）设备运杂费。

$$设备运杂费＝设备原价×设备运杂费率$$

设备运杂费通常由下列各项构成：

a）国产标准设备由设备制造厂交货地点起至工地仓库（或施工组织设计指定的需要安装设备的堆放地点）止所发生的运费和装卸费。

b）进口设备则由我国到岸港口、边境车站起至工地仓库（或施工组织设计指定的需要安装设备的堆放地点）止所发生的运费和装卸费。

c）在设备出厂价格中没有包含的设备包装和包装材料器具费。

d）供销部门的手续费。

e）建设单位（或工程承包公司）的采购与仓库保管费。

5）工、器具及生产家具购置费的构成及计算。工、器具及生产家具购置费是指新建项目或扩建项目初步设计规定所必须购置的不够固定资产标准的设备、仪器、工卡模具、器具、生产家具和备品备件的费用。其一般计算公式为：

$$工、器具及生产家具购置费 = 设备购置费 × 定额费率$$

（2）安装工程费。电力安装工程概算的编制方法有预算单价法、扩大单价法、概算指标法。

1）预算单价法。当初步设计有详细设备清单时，可直接按预算单价（预算定额单价）编制设备安装工程概算。根据计算的设备安装工程量，乘以安装工程预算单价，经汇总求得。用预算单价法编制概算，计算比较具体，精确性较高。

2）扩大单价法。当初步设计的设备清单不完备，或仅有成套设备的重量时，可采用主体设备，成套设备或工艺的综合扩大安装单价编制概算。

3）概算指标法。当初步设计的设备清单不完备，或安装预算单价及扩大综合单价不全，无法采用预算单价法和扩大单价法时，可采用概算指标编制概算。

（四）单项工程综合概算编制

单项工程综合概算是确定单项工程建设费用的综合文件，它是由该单项工程所包括的各单位工程概算汇总而成，综合概算是建设项目总概算的组成部分。

单项工程综合概算文件中一般包括编制说明（不编总概算时列入）和综合概算表两大部分。当建设项目只有一个单项工程时，此时综合概算文件除包括上述两部分外，还应包括工程建设其他费用、建设期贷款利息、预备费和固定资产投资方向调节税的概算。

单项工程综合概算的组成内容包括：建筑单位工程概算、设备及安装单位工程概算、工程建设其他费用概算（不编总概算时列入）。

一个单项工程的综合概算由下列单位工程和费用的概算综合组成。

1. 建筑工程

建筑工程包括：

（1）一般土建工程。

（2）卫生技术工程。

（3）工业管道工程。

（4）特殊构筑物工程。

（5）电力照明工程。

2. 设备安装工程

设备安装工程包括：

（1）机械设备及安装工程。

（2）动力电力设备安装工程。

3. 其他工程和费用（只编制概算）

（1）器具、工具和生产家具（低值易耗品除外）的购置。

（2）其他费用（当不编总概算而只编综合概算时才列此项费用）。

单项工程综合概算书的编制工作，一般从单位工程概算书的编制开始，然后统一交由综合概算书负责人进行汇总。其编制顺序应该是：

（1）土建工程。

（2）给排水工程。

（3）采暖工程。

（4）电力照明工程。

（5）动力配线工程。

（6）通风工程。

（7）工业管道工程。

（8）设备安装工程。

（9）设备购置费。

（10）工具、器具和生产家具购置费。

（11）其他工程和费用等。

按上述顺序汇总后，所得的各种费用价值，即是该项工程的全部建设费用。然后再计算其技术经济指标。

综合概算需要单独提出时，一般应附单位工程概算书、主要材料和设备清单。为了便于将综合概算书列入总概算书内，并保证总概算书（包括工程项目）的完整性，以及便于审核的需要，综合概算书应按建设项目总概算书中的各个工程项目的顺序及工业场区和住宅区总平面图的说明中所列的工程项目的顺序编号。

（五）建设项目总概算的编制

建设项目总概算是设计文件的重要组成部分，是确定整个建设项目从筹建开始到竣工交付使用预计花费的全部费用文件。它由建设项目内各单项工程综合概算、工程建设其他费用概算、建设期贷款利息、预备费和固定资产投资方向调节税和经营性项目的铺底资金概算所组成，按照主管部门规定的统一表格进行编制而成的。

建设项目总概算文件一般应包括：封面及目录、编制说明、总概算表、工程建设其他费用概算表、单项工程综合概算表、单位工程概算表、工程量计算表、分年度投资汇总表与分年度资金流量汇总表以及主要材料汇总表与工日数量表等。

编制建设项目设计总概算书，首先应充分熟悉建设项目的总体设想和建设目标要求，并且根据国家的有关技术经济政策，对拟建项目作出正确的判断和决策。此外，还应了解和掌握国内外生产工艺发展水平，国家宏观经济发展趋势，建设市场的软硬环境、施工现场的条件，以及项目建议书、可行性研究报告、投资估价书、有关设计图纸、概预算定额、现场设备、材料单价、计取费用标准、施工组织设计、技术规范、质量验收标准等。

主要编制工作包括以下方面。

1. 准备工作

（1）根据设计说明、总平面图和全部工程项目一览表等资料，对工程项目的内容、性质、建设要求进行熟悉和了解，并拟定编制提纲、步骤。

（2）根据拟定的编制提纲，广泛收集基础资料（如定额、指标），合理选用编制依据。

（3）编制或审查综合概算书及其他工程和费用概算书。

2. 总概算书的编制

根据总概算的各项费用内容，将已批准的各项综合概算及其他工程和费用概算，分建筑工程费、安装工程费、设备购置费、工具器具以及生产用具购置费等其他费用概算，汇总列入总概算书表内，按取费标准计算预备费用，计算回收金额及技术经济指标。

3. 编制概算说明

在每个单位工程概算书的前页，要有编制概算说明，主要包括以下几个主要方面。

（1）工程概况。指向审查人员或核算使用者介绍工程全貌。例如：工程的类别、性质、地点及其周围的环境、地质、水文、地貌、主要工程量和结构形式等，总之使人们对工程有个基本了解，便于审查或评价。引进项目要说明引进内容以及国内配套工程等主要情况。

（2）编制依据及编制原则。主要介绍编制概算时采用的设计资料，如设计图纸、地质钻孔资料、设计采用的标准图；采用的概算定额名称及费率计取标准；材料调价文件等有关资料。

（3）编制方法。说明工程造价设计概算是采用扩大单价法，还是采用概算指标法等。

（4）解释。除了以上说明外，还需要加以说明，如工程的特殊性和新材料、新工艺的使用情况等需要解释说明的情况。

（六）概算的审核

设计概算时由设计单位根据设计单位图纸、说明和造价管理部门颁发的计价依据等资料，编制的建设项目从筹建到竣工交付使用所需全部费用的文件。经审核批准后的设计概算既是编制建设项目投资计划、确定和控制建设项目投资的依据，又是签订建设工程合同和贷款合同的重要依据，也是工程建设投资的最高限额。

设计概算审查是一项复杂而细致的技术经济工作，一般情况下可按如下步骤进行：

（1）概算审查的准备。包括了解设计概算的内容组成、编制依据和方法；了解建设规模、设计能力和工艺流程；熟悉设计图纸和说明书，掌握概算费用的构成和有关技术经济指标；明确概算各种表格的内涵；收集概算定额、概算指标、取费标准等有关规定的文件资料等。

（2）进行概算审查。根据审查的主要内容，分别对设计概算的编制依据、单位工程设计概算、综合概算、建设工程总概算进行逐级审查。

（3）进行技术经济对比分析。利用规定的概算定额或指标以及有关的技术经济指标与设计概算进行分析对比，根据设计和概算列明的工程性质、结构类型、建设条件、费用构成、投资比例、占地面积、生产规模、建筑面积、设备数量、造价指标、劳动定员等与国内外同类型工程规模进行对比分析，找出与同类型工程的主要差距。

（4）调查研究、调整概算、定案。对概算审查中出现的问题要在对比分析、找出差距的基础上深入现场进行实际调查研究。了解设计是否经济合理、概算编制依据是否符合现行规定和施工现场实际、有无扩大规模、多估投资或预留缺口等情况，并及时核实概算投资。对于当地没有同类型的项目而不能进行对比分析时，可向国内同类型企业进行调查，收集资料，作为审查的参考。经过会审决定的定案问题应及时调整概算，并经原批准单位下发文件。

四、电力工程施工图预算编制

（一）施工图预算的基本概念

施工图预算是由设计单位在施工图设计完成后，根据施工图设计图纸、现行预算定额、费用定额以及地区设备、材料、人工、施工机械台班等预算价格编制和确定的建筑安装工程造价的文件。

（二）施工图预算的作用

在社会主义市场经济条件下，施工图预算的主要作用是：

（1）施工图预算是设计阶段控制工程造价的重要环节，是控制施工图设计不突破设计概算的重要措施。

（2）施工图预算是编制或调整固定资产投资计划的依据。

（3）对于实行施工招标的工程不属《建设工程工程量清单计价规范》（GB 50500—2008）规定执行范围的，可用施工图预算作为编制标底的依据，此时它是承包企业投标报价的基础。

（4）对于不宜实行招标而采用施工图预算加调整结算的工程，施工图预算可作为确定合同价款的基础或作为审查施工企业提出的施工图预算的依据。

（三）施工图预算的编制依据

（1）施工图纸及说明书和标准图集。它是编制施工图预算的重要依据。

（2）现行预算定额及单位估价表。它是编制施工图预算确定分项工程子目、计算工程量、选用单位估计表、计算直接工程费的主要依据。

（3）施工组织设计或施工方案。包括了与编制施工图预算必不可少的有关资料。

（4）材料、人工、机械台班预算价格及调价规定。合理确定材料、人工、机械台班预算价格及其调价规定是编制施工图预算的重要依据。

（5）建筑安装工程费用定额。它是各省、自治区、直辖市和各专业部门规定的费用定额及计算程序。

（6）预算员工作手册及有关工具书。它是编制施工图预算必不可少的依据。

（四）施工图预算的内容

施工图预算有单位工程预算、单项工程预算和建设项目总预算。单位工程预算是根据施工图设计文件、现行预算定额；费用定额以及人工、材料、设备、机械台班等预算价格资料，以一定方法，编制单位工程的施工图预算；然后汇总所有各单位工程施工图预算，成为单项工程施工图预算；再汇总所有单项工程施工图预算，便是一个建设项目建筑安装工程的总预算。

对其电力工程，一般汇总到单项工程施工图预算即可。下面我们只针对单位工程施工图预算解释其编制方法。

（五）单位工程施工图预算的编制方法

单位工程施工图预算有三种编制方法：工料单价法、定额实物法、综合单价法。

1. 工料单价法

（1）工料单价法的概念。工料单价法是用有关单位编制的单位估价表（分项工程的定额直接费用单价）乘以按施工图计算各分项工程的工程量，汇总后得到单位工程的直接工程费，再按规定程序计算出来的其他直接费、现场经费、间接费、计划利润和税金，便可得出单位工程的施工图预算造价。

（2）工料单价法的适用范围。工料单价法是计划经济的产物，因为其计算依据明确，都是规定的统一的预算定额、单位估价表以及相应的调价文件，所以单价法计算简单。但是，由于没有采用市场价格信息，所以计算出的预算价格不能反映施工时实际的工程造价，在市场价格波动较大的时候，依据单价法计算的结果与实际价格出入较大。

（3）工料单价法的步骤。具体步骤如下：

1）搜集各种编制依据资料。

2）熟悉施工图纸和定额。

3）计算工程量。

4）套用预算定额单价。

5）编制工料分析表。

6）计算其他各项应取费用和汇总造价。

单位工程造价＝直接工程费（直接费＋其他直接费＋现场经费）＋间接费＋计划利润＋税金。

7）复核。

8）编制说明、填写封面。

2. 定额实物法

（1）定额实物法概念。定额实物法是首先根据施工图纸分别计算出分项工程量，然后套用相应预算人工、材料、机械台班的定额用量，再分别乘以工程所在地当时的人工、材料、机械台班的实际单价（这是与单价法的区别），求出单位工程的人工费、材料费和施工机械使用费，并汇总求和，进而求得直接工程费，最后按规定计取其他各项费用，最后汇总就可得出单位工程施工图预算造价。

（2）定额实物法的适用范围。用实物法编制施工图预算，由于采用了工程所在地当时的人工、材料、机械台班的价格，所以较好地反映了工程的实际价格水平，工程造价的准确性高。适合市场经济的预算编制办法。

（3）定额实物法编制施工图预算的步骤。具体步骤如下：

1）搜集各种编制依据资料。

2）熟悉施工图纸和定额。

3）计算工程量。

套用预算人工、材料、机械定额用量，求出各项人工、材料、机械消耗数量，再乘以当时当地人工、材料、机械单价，得出人工费、材料费和机械使用费。

4）编制工料分析表。

5）计算其他各项应取费用和汇总造价。

单位工程造价＝直接工程费（直接费＋其他直接费＋现场经费）＋间接费＋计划利润＋税金。

6）复核。

48

7）编制说明、填写封面。

3. 综合单价法

（1）综合单价法概念。综合单价法分为全费用单价法和部分费用单价法。全费用单价经综合计算后生成，其内容包括直接工程费、间接费、利润和税金（措施费也可按此方法生成全费用价格）。各分项工程工程量乘以综合单价的合价汇总后，生成工程发承包价。部分费用综合单价法指的是指分部分项工程单价综合了直接工程费、管理费、利润（不包括规费和税金）。规费和税金应按规定另计。

（2）综合单价法适用范围。综合单价法是与市场经济和国际惯例相适应的一种计价方法，各省市自治区的相关工程部分采用此方法编制预算，有广阔的应用前景。

（3）综合单价法编制步骤。具体步骤如下：

1）搜集各种编制依据资料。

2）熟悉施工图纸和定额。

3）计算工程量，形成工程量清单。

4）套用单价。

5）编制工料分析表。

6）计算相关规费、税金和汇总造价。

7）复核。

8）编制说明、填写封面。

（六）施工图预算的审核

1. 施工图预算审核的意义

施工图预算作为发包方和承包方坚定工程承包合同、办理工程拨款和工程价款结算、承包方进行工程成本核算、进行设计概算与施工图预算两算对比分析、合理确定工程价格的依据，加强施工图预算的审核，对于提高施工图预算的准确性，降低工程造价具有十分重要的意义。

2. 施工图预算审核的依据

主要依据如下：

（1）设计资料是指工程施工图纸和有关技术资料。包括建筑工程中有设计说明书、建筑施工图、结构施工图、设计所选用的标准图；安装工程中有关设计说明书、设备平面布置图、系统轴侧图、设备连接节点和零配件图、设计选用的定型产品标准图等。

（2）有关的定额主要是指编制预算所选用的相关专业预算定额和费用定额、地区单位估价表和材料预算价格以及市场价格等。

（3）施工组织设计或技术措施方案。施工组织设计或措施方案对施工图预算的措施费用影响很大。只有依据它们，才能正确审核相关费用的计算是否合理和准确。

（4）工程承包合同。建设单位和施工单位根据国家合同法和建筑安装工程合同示范文本签订的施工合同，经过双方协商确定的承包方式、承包内容、工程预算原则和依据、有关费用的取定、工程价款结算方式等具有法律效力的重要经济文件，是施工图预算审查的重要依据。

（5）有关造价文件。由有关主管部门颁发的当时当地的工程价款结算、材料价格和费用调整等文件规定，对预算的计算影响很大，是计算施工图预算的重要依据，也是审查预算的重要依据。

（6）工程采用的设计、施工、质量验收等技术规范或规程。

3. 施工图预算审核的内容

施工图预算的审查一般是针对用单价法计算的施工图预算。计算施工图预算审查的内容主要包括工程量计算是否准确、套用定额是否正确、费率取值是否符合现行的规定、一些费用计算是否合理及计算工程中数值的填写是否有误等。

五、电力工程施工预算编制

（一）建设工程施工预算的概念

施工预算是施工企业为了加强企业内部的经济核算，在施工图预算的控制下，根据施工图纸、施工定额、施工及验收规范、标准图集、施工组织设计（或施工方案）编制的施工企业内部的技术经济文件。它规定了单位工程（或分部分项工程）施工所需的人工、材料和施工机械台班消耗数量的数量，使施工企业有计划、有步骤的组织施工，以降低施工成本，提高企业竞争力。

（二）建设工程施工预算的作用

编制施工预算是加强企业内部管理、实行经济核算的重要措施，它对提高企业经营管理水平有着重要的作用。可以概括为：

（1）施工预算是施工计划部门安排施工作业计划和组织施工的依据。

（2）施工预算是施工单位签发施工任务单和限额领料单的依据。

（3）施工预算是施工企业进行经济活动分析，贯彻经济核算，对比和加强工程成本管理的依据。

（4）施工预算是衡量工人劳动成果、计算应得报酬的依据。

（5）施工预算是有效控制施工中的人工、材料、机械台班消耗量的有力手段。

（6）施工预算是促进实施施工技术组织措施的有效方法。

（三）施工预算的内容构成

施工预算的内容是以单位工程为对象，进行人工、材料、机械台班数量及其费用总和的计算。它由编制说明和预算表格两部分组成。

1. 编制说明

施工预算的编制说明应简明扼要地叙述以下几个方面的内容：

（1）编制依据（如采用的定额、图纸、图集、人工工资标准、材料价格、施工组织设计或施工方案等）。

（2）工程概况及建设地点。

（3）对设计图纸的建议及现场勘察的主要资料。

（4）施工技术措施。

（5）施工关键部位的处理方法，施工中降低成本的措施。

（6）遗留项目或暂估项目的说明。

（7）工程中存在及尚需解决的其他问题。

2. 表格部分

（1）工程量计算汇总表。工程量计算汇总表是按照施工定额的工程量计算规则做出的重要基础数据。

为了便于生产、调度、计划、统计及分期材料供应，根据工程情况，可将工程量按照分层、分段、分部位进行汇总，然后进行单位工程汇总。

（2）施工预算工料分析表。施工预算工料分析表与施工图预算的工料分析表编制方法基本相同，要注意按照工程量计算汇总表的划分，作为分层、分段、分部位的工料分析结果，为施工分期生产计划提供条件。

（3）人工汇总表。人工汇总表是将工料分析表中的人工按工种分层、分段、分部位进行汇总的表格，是编制劳动力计划、合理调配劳动力的依据。

（4）材料消耗量汇总表。将工料分析表中不同品种、规格的材料按层、段、部位进行汇总。材料消耗量汇总表是编制材料供应计划的依据。

（5）机械台班使用量汇总表。将工料分析表中各种施工机具及消耗台班数量按层、段、部位进行汇总。

（6）施工预算表。将已汇总的人工、材料、机械台班消耗数量分别乘以所在地区的人工工资标准、材料预算价格、机械台班单价，计算出直接费（有定额单价时可直接使用定额单价）。

（7）"两算"对比表。指同一工程内容的施工预算与施工图预算的对比分析表。将计算出的人工、材料、机械台班消耗数量，以及人工费、材料费、机械费等与施工图预算进行对比，找出节约或超支的原因，作为开工前的预测分析表。

（四）施工预算编制的要求

（1）施工预算的项目要能满足签发施工任务单和限额领料单的要求，以便加强管，实行对组经济核算。

（2）施工预算要能反映出经济效果，以便为经济活动分析提供可靠的依据。

（3）编制要紧密结合现场实际，按照所承担的任务范围、现场实际情况及采取的施工技术措施，结合企业管理水平，实事求是地进行编制。

（五）施工预算编制的依据

（1）会审后的施工图纸、设计说明书和有关的标准图集。

（2）施工组织设计或施工方案。

（3）施工图预算书。

（4）现行的施工定额、材料预算价格、人工工资标准、机械台班费用定额及有关文件。

（5）工程现场实际勘察与测量资料，如工程地质报告、地下水位标高等。

（6）建筑材料手册等常用工具性资料。

（六）施工预算编制方法

（1）熟悉施工图纸、施工组织设计及现场资料。

（2）熟悉施工定额及有关文件规定。

（3）列出工程项目，计算工程量。

（4）套用定额，计算直接费并进行工料分析。

（5）单位工程直接费及人工、材料、机械台班消耗量汇总。

（6）进行"两算"对比分析。

（7）编写编制说明并填写封面，装订成册。

（七）"两算"的对比

1. 对比的意义

"两算"对比是指施工图预算与施工预算的对比。通过对比分析，找出节约和超出的原因，研究提出解决的措施，防止人工、材料和机械用量及使用费的超支，以避免发生预算成本的亏损。

通过"两算"对比，并在完工后加以总结，取得经验教训，积累资料，加强和改进施工组织管理，以减少工料消耗，提高劳动生产率，降低工程成本，节约资金，增加积累，取得更大的经济效益。

2. "两算"的区别

（1）施工预算与施工图预算的作用及编制方法不同。施工预算用于施工企业内部核算，它主要计算工料机用量和直接费，而施工图预算要确定整个单位工程造价，是签订工程合同、拨付工程价款、办理工程结算的依据。施工预算必须在施工图预算价值的控制下进行编制。

（2）使用的定额不同。施工预算使用的定额是施工定额，施工图预算使用的是预算定额。两种定额水平不同，施工定额是平均先进水平，而预算定额是平均水平，即使是同一定额项目，两种定额中各自的工、料、机耗用数量都有一定的差别。两种定额项目划分也不同，预算定额的综合性较施工定额大。

（3）工程项目粗细程度不同。施工定额按工种划分，其综合程度较低，而且施工预算要满足班组核算的要求，所以项目划分较细。预算定额项目的综合程度较高，其主要任务是用来确定工程造价，所以施工图预算的项目划分较粗。

3. "两算"对比的方法

（1）实物量对比法。"实物量"是指分项工程所消耗的人工、材料和机械台班消耗的实物数量。实物量对比法是将"两算"中相同项目所需的人工、材料和机械台班消耗量进行比较，或者以分部工程或单位工程为对象，将"两算"的人工、材料汇总数量相比较。

（2）实物金额对比法。实物金额是指分项工程所消耗的人工、材料和机械的金额费用。实物金额对比法是将施工预算中的人工、材料和机械台班的数量，乘以各自的单价，汇总成人工费、材料费和机械费，然后与施工图预算的人工费、材料费和机械费相比较。

4. "两算"对比的一般说明

（1）人工消耗量。一般施工预算工日数应低于施工图预算工日数 10%～15%，因为两者的基础不一样。

人工费节约或超支额＝施工图预算人工费－施工预算人工费

计划人工费降低率＝（施工图预算人工费－施工预算人工费）/施工图预算人工费×100%。

计算结果为正值，表示计划人工费节约；计算结果为负值，表示计划人工费超支。

（2）材料消耗量。一般施工预算材料消耗量应低于施工图预算材料消耗量。

材料费节约或超支额＝施工图预算材料费－施工预算材料费

计划材料费降低率＝（施工图预算材料费－施工预算材料费）/施工图预算材料费×100%。

计算结果为正值，表示计划材料费节约；计算结果为负值，表示计划材料费超支。

（3）机械台班消耗量。机械直接以"两算"的机械费对比，且只能核算大中型机械的施工预算机械费是否超过施工图预算机械费。

（4）脚手架工程。脚手架工程无法按实物量进行"两算"对比，只能用金额对比。

六、电力工程竣工决算编制

（一）建设项目竣工决算的概念及作用

1. 建设项目竣工决算的概念

建设项目竣工决算是指所有建设项目竣工后，建设单位按照国家有关规定在新建、改建或扩建工程建设项目竣工验收阶段编制的竣工决算报告。

2. 建设项目竣工决算的作用

（1）建设项目竣工决算是综合、全面地反映竣工项目建设成果及财务情况的总结性文件，它采用货币指标、实物数量、建设工期和各种技术经济指标综合、全面地反映建设项目自开始建设到竣工为止的全部建设成果和财物状况。

（2）建设项目竣工决算是办理交付使用资产的依据，也是竣工验收报告的重要组成部分。

（3）建设项目竣工决算是分析和检查涉及概算的执行情况，考核投资效果的依据。

（二）竣工决算的内容

竣工决算由"竣工决算报表"和"竣工情况说明书"两部分组成。

一般大、中型建设项目的竣工决算报表包括：竣工工程概况表、竣工财务决算表、建设项目交付使用财产总表和建设项目交付使用财产明细表等。

小型建设项目的竣工决算报表一般包括竣工决算总表和交付使用财产明细表两部分。

1. 竣工决算报告情况说明书

竣工决算报告情况说明书主要反映竣工工程建设成果和经验，是对竣工决算报表进行分析和补充说明的文件，是全面考核分析工程投资与造价的书面总结，其内容主要包括：

（1）建设项目概况，对工程总的评价。

（2）资金来源及运用等财务分析。

（3）基本建设收入、投资包干结余、竣工结余资金的上交分配情况。

（4）各项经济技术指标的分析。

（5）工程建设的经验及项目管理和财务管理工作以及竣工财务决算中有待解决的问题。

（6）需要说明的其他事项。

2. 竣工财务决算报表

建设项目竣工财务决算报表要根据大、中型建设项目和小型建设项目分别制定。

大、中型建设项目竣工决算报表包括：建设项目竣工财务决算审批表，大、中型建设项目概况表，大、中型项目竣工财务决算表，大、中型建设项目交付使用资产总表。

小型建设项目竣工财务决算报表包括：建设项目竣工财务决算审批表，竣工财务决算总表，建设项目交付使用资产明细表。

（1）建设项目竣工财务决算审批表。该表作为竣工决算上报有关部门审批时使用，其格式按照中央级小型项目审批要求设计的，地方级项目可按审批要求作适当修改，大、中、小型项目均要求填报此表。

（2）大、中型建设项目概况表。该表综合反映大、中型建设项目的基本概况，内容包括该项目总投资、建设起止时间、新增生产能力、主要材料消耗、建设成本、完成主要工程量和主要技术经济指标及基本建设支出情况，为全面考核和分析投资效果提供依据。投资应计入交付使用资产价值。

（3）大、中型建设项目竣工财务决算表。该表反映竣工的大中型项目从开工到竣工为止全部资金来源和资金运用的情况，它是考核和分析投资效果，落实结余资金，并作为报告上级核销基本建设支出和基本建设拨款的依据。此表采用平衡表形式，即资金来源合计等于资金支出合计。

（4）大中型建设项目交付使用资产总表。该表反映建设项目建成后新增固定资产、流动资产、无形资产和递延资产价值的情况和价值，作为财产交接、检查投资计划完成情况和分析投资效果的依据。小型项目不编制"交付使用资产总表"，直接编制"交付使用资产明细表"；大、中型项目在编制"交付使用资产总表"的同时，还需编制"交付使用资产明细表"。

（5）建设项目交付使用资产明细表。该表反映交付使用的固定资产、流动资产、无形资产和递延资产及其价值的明细情况，是办理资产交接的依据和接收单位登记资产账目的研究，是使用单位建立资产明细账和登记新增资产价值的依据。大、中型和小型建设项目均需编制此表。编制时要做到，齐全完整，数值准确，各栏目价值应与会计账目中相应科目的数据保持一致。

3. 建设工程竣工图

建设工程竣工图是真实地记录各种地上、地下建筑物、构筑物等情况的技术文件，是工程进行交工验收、如何改建和扩建的依据，是国家的重要技术档案。其具体要求有：

（1）凡按图竣工没有变动的，由施工单位在原施工图上加盖"竣工图"标志后，即作为竣工图。

（2）凡在施工过程中，虽有一般性设计变更，但能将原施工图加以修改补充作为竣工图的，可不重新绘制，由施工单位负责在原施工图（必须是新蓝图）上注明修改的部分，并附以设计变更通知单和施工说明，加盖"竣工图"标志后，作为竣工图。

（3）凡结构形式改变、施工工艺改变、平面布置改变、项目改变以及有其他重大改变，不宜在原施工图上修改、补充时，应重新绘制改变后的竣工图。施工单位负责在新图上加盖"竣工图"标志，并附以有关记录和说明，作为竣工图。

（4）为了满足竣工验收和竣工决算需要，还应绘制反映竣工工程全部内容的工程设计平面示意图。

4. 工程造价比较分析

批准的概算是考核建设工程造价的依据。在分析时，可先对比整个项目的总概算，然后将建筑安装工程费、设备工器具费和其他工程费用逐一与竣工决算表中所提供的实际数据和相关资料及批准的概算、预算指标、实际的工程造价进行对比分析，以确定竣工项目总造价是节约还是超支，并在对比的基础上，总结先进经验，找出节约和超支的内容和原因，提出改进措施。在实际工作中，应分析以下内容：

（1）主要实物工程量。

（2）主要材料消耗量。

（3）考核建设单位管理费、建筑及安装工程其他直接费、现场经费和间接费的取费标准。

（三）竣工决算的编制

1. 竣工决算的编制依据

（1）可行性研究报告、投资估算书、初步设计或扩大初步设计、修正总概算及其批复文件。

（2）设计变更记录、施工记录或施工签证单及其他施工发生的费用记录。

（3）经批准的施工图预算或标底造价、承包合同、工程结束等有关资料。

（4）历年基建计划、历年财务决算及批复文件。

（5）设备、材料调价文件和调价记录。

（6）其他有关资料。

2. 竣工决算的编制要求

（1）按照规定组织竣工验收，保证竣工决算的及时性。

（2）积累、整理竣工项目资料，保证竣工决算的完整性。

（3）清理、核对各项账目，保证竣工决算的正确性。

3. 竣工决算的编制步骤

（1）收集、整理、分析原始资料。

（2）对照、核实工程变动情况，重新核实各单位工程、单项工程造价。

（3）经审定的待摊投资、其他投资、待核销基建支出和非经营项目的转出投资应分别写入相应的基建支出栏目内。

（4）编制竣工财务决算书。

（5）认真填报竣工财务决算报表。

（6）认真做好工程造价对比分析。

（7）清理、装订好竣工图。

（8）按国家规定上报审批，存档。

七、电力工程竣工结算的编制

建设过程中，施工图预算所分析的工料数量、确定的工程预算造价，都是在开工前进行编制的。但是，工程在施工过程中，往往由于条件的变化，设计意图的变更和材料的代用等，使原设计有所改变，因此原有的施工图预算就不能反映工程的实际成本的造价，而竣工结算就是在竣工后，根据施工过程中实际发生的变更情况，修正原有施工图预算，重新确定工程造价的文件。

（一）工程结算

工程结算和竣工决算，是具有两个不同概念的名词，因为他们分别反映了两个不同的内容，不能混为一谈。工程结算分为竣工结算和中间结算。

1. 竣工结算

竣工结算是指工程完工、交工验收后，施工单位根据原施工图预算，加上补充修改预算向建设单位办理竣工工程价款结算的文件。它是调整工程计划、确定和统计工程进度、考核基本建设投资的效果，进行工程成本分析的依据。

2. 中间结算

对于规模较大，施工期限较长，甚至跨年度的工程，施工企业为了使某个施工期间的消耗，包括人工工资、材料费用和其他费用得到补充，保证下一个施工计划期间施工活动不间断而又顺利地进行，施工单位按合同规定日期，或此期间完成的工程量，向建设单位进行定期的工程结算，为工程财务拨款提供依据。

3. 竣工决算

竣工决算也称工程决算，是建设单位在全部工程或某一期工程完工后编制的，它是反映竣工项目的建设成果和财务情况的总结性文件。它是办理竣工工程交付使用验收的依据，是交工验收文件的组成部分。竣工决算包括：竣工工程概算表、竣工财务决算表、交付使用财产总表、交付使用财产明细表和文字说明。它综合反映建设计划的执行情况，工程的建设成本，新增的生产能力以及定额和技术经济指标的完成情况等。小型工程项目上的竣工决算一般只作竣工财务决算表。

无论哪种工程结算，按规定应分别送交主管部门、建设单位、银行，这些部门对结算或决算进行审查，核准和审批后，该结算文件即可生效。

（二）竣工结算的作用

工程竣工结算是施工单位与建设单位结清工程费用的依据。有了竣工结算，就可以通过银行最后拨清建设资金。

工程竣工结算，是施工单位统计完成生产任务工作量、竣工面积最可靠的资料。也是企业核算成本、计算全员产值的必要文件。

工程竣工结算，可以与施工图预算进行比较，经对比后，可以发现竣工结算比施工图预算超支或节约，而研究和分析这些原因，可以为建设单位、施工单位和设计单位提供总结工作的依据。使之不断地总结经验，逐步提高设计和管理水平，克服建设工程的浪费。

（三）竣工结算的编制依据

为了使竣工结算符合实际情况，避免多算或少算、重复和漏项，预算工作人员必须在施工过程中经常深入现场，了解工程情况，并与施工人员密切配合，随时了解和掌握工程修改和变更情况，为竣工结算积累和收集必备的原始资料。

竣工结算的编制依据主要有以下几个方面：

（1）设计单位修改或变更设计的通知单。

（2）建设单位有关工程的变更、追加、削减和修改的通知单。

（3）施工单位、设计单位、建设单位会签的图纸会审记录。

（4）隐蔽工程检查验收证书。

（5）零部件、加工品的加工订货计划。

（6）其他材料代用，调换及现场决定工程变更等项目的原始记录。

（7）工程现场签证单。现场签证单的内容是：凡属施工图预算未能包括的工程项目，而在施工过程中实际发生的工程项目，按实际耗用的人工、材料、机械台班填写工程签证单，并经建设单位代表签字加盖公章。工程签证的项目和内容，常见的有以下几种：

1）施工中旧有建筑物或障碍物的拆除。

2）砍伐树木和移植树木。

3）基础及杆坑内的积水或地下水的处理。

4）由建设单位或设计单位造成的返工。

5）施工过程中不必进行设计修改的一些小的变更项目。

（四）竣工结算遵循的原则

（1）凡编制竣工结算的项目，必须是具备结算条件的工程。也就是必须经过交工验收的工程项目，而且要在竣工报告的基础上，实事求是的对工程进行清点和计算，凡属未完的工程，未经交工验收的工程和质量不合格的工程，均不能进行竣工结算，需要返工的工程或需要修补的工程，必须在返工和修补后并经验收检查，合格后方能进行竣工结算。

（2）要本着对国家认真负责的精神，编制竣工结算书，并要正确地确定工程的最终造价，不得巧立名目、弄虚作假。

（3）要严格按照国家和所在地区的预算定额，取费规定和施工合同的要求进行编制。

（4）施工图预算书等结算资料必须齐全，并严格按竣工结算编制程序进行编制。

（五）竣工结算的编制步骤和方法

竣工结算的编制大体与施工图预算的编制相同，现分述如下：

（1）仔细了解有关竣工结算的原始资料。结算的原始资料是编制竣工结算的依据，必须收集齐全，在了解时要深入细致，并进行必要的归纳整理，一般按分部分项工程的顺序进行。

（2）对竣工工程进行观察和对照。根据原有施工图纸，结算的原始资料，对竣工工程进行观察和对照，必要时应进行实际丈量和计算，并做好记录。如果工程的做法与原设计施工要求有出入时，也应做好记录。在编制竣工结算时，要本着实事求是的原则，对这些有出入的部分进行调整。

（3）计算工程量。根据原始资料和对竣工工程进行观察的结果，计算增加和减少的工程量，这些增加或减少的工程量是由设计变更和设计修改而造成的，对其他原因造成的现场签证项目，也应一一计算出工程量。如果设计变更及设计修改的工程量较多且影响又大时，可将所有的工程量按变更或修改后的设计重新计算工程量。

（4）依据工程预算定额求出每项工程的预算价格。其具体要求与施工图编制定额相同，要求准确合理。

（5）计算工程费用。工程竣工结算的组成可分为三个部分：

1）原有施工图预算的直接费用。

2）增加工程部分的直接费。

3）减少工程部分的直接费。

竣工结算的直接费用＝1）＋2）－3）。

已计算出的直接费用、人工费、材料费和施工机械费，按规定的计费项目、计费基础和费率，计算出工程的全部费用。求出工程的最后实际造价。

如果工程的变更较小，也可将变更部分的直接费用和间接费用先计算出来，然后在原施工图预算的工程造价中，加上增加项目的预算价格，或减去减少项目的预算价格，即得出了竣工工程结算最终工程造价。

目前竣工结算的编制有许多种微机应用软件，编制时可根据工程特点和实际需要自行选择。

（六）国有投融资建筑工程竣工结算备案

国有投融资建筑工程竣工后，承包单位应当由具备相应注册执业资格或从业资格、专业与竣工工程相对应的专业技术人员编制工程竣工结算文件。

国有投融资建筑工程竣工结算文件应当按照《建设工程工程量清单计价规范》、《建设工程工程量清单编制与计价规程》和《国有投融资建筑工程结算书》文本等规定的格式编制。

承包单位编制完成国有投融资建筑工程结算文件后，应当填写《国有投融资建筑工程结算备案书》（以下简称《竣工结算备案书》），一并提交发包单位审核。发包单位对国有投融资建筑工程竣工结算文件和《竣工结算备案书》进行审核后，应当提出审核意见，并与承包单位签字盖章。

发包单位对建筑工程竣工结算文件无审核能力的，应当委托具有相应资质的工程造价咨询企业审核。受委托单位在向委托单位提交国有投融资建筑工程竣工结算文件时应当填写《竣工结算备案书》，并签字盖章。

发包单位应当自国有投融资建筑工程竣工验收合格之日起 28 日内，持《竣工结算备案书》及有关竣工结算文件，向主管部门办理国有投融资建筑工程竣工结算备案手续。

办理竣工结算备案应当提供如下材料：

（1）招标文件、《竣工结算备案书》、投标成果文件、中标通知书。

（2）施工合同、协议。

（3）施工图纸、变更签证。

（4）承包单位提交的国有投融资建筑工程竣工结算报告以及完整的结算成果材料。

（5）发包单位对工程结算的确认意见及其相关的结算材料，或者发包单位委托工程造价咨询企业审核结算的合同，工程计价材料、审核报告和被委托造价咨询企业的资质证书复印件。

（6）经发包单位、承包单位双方确认的工程价款支付清单。

（7）编制、审查工程结算人员的注册（从业）证书、印章。

主管部门对材料齐全、符合规定要求的，应当即时办理备案手续。对备案材料不符合规定要求的，应当允许发包单位当场更正。

对备案材料不齐全需要补正的，应当在 2 日内告知发包单位需要补正的全部内容；逾期不告知的，自收到备案材料之日起即为办理备案。

主管部门应当自办理备案之日起 7 个工作日内，依据下列规定对备案材料进行核对查验，发现存在问题的，应当提出更正意见，记入《国有投融资建筑工程竣工结算更正意见书》（以下简称《竣工结算更正意见书》），分别发送至发包单位、工程质量监督机构和产权登记机构：

（1）国有投融资建筑工程竣工文件应当由承办单位具有执业、从业资格的人员编制，竣工结算文件应当由具有审核能力的发包单位或者其委托的工程造价咨询企业审核。

（2）国有投融资建筑工程竣工结算文件应当符合本省现行建筑工程计价办法和有关政策。

（3）采用工程量清单计价的竣工结算文件，应当符合《规范》的有关要求，项目编码、项目名称、项目特征描述准确，执行《规范》的强制性条文、采用相应格式；采用工料单价法编制的竣工结算文件应当符合本办法规定的计价格式。

（4）发包单位公章、承包单位公章、结算审核单位公章、资质公章、注册造价师签字及执业印章应当齐全。

发包单位应当根据主管部门的更正意见修改工程结算文件。对更正意见有异议的，主管部门应当作出说明；主管部门作出说明后，发包单位仍有异议的，可以向主管部门的上一级建设行政主管部门申诉反映。

国有投融资建筑工程竣工后，发包单位、承包单位双方应当按照约定或者有关规定及时办清国有投融资建筑工程竣工结算。

发包单位向建筑工程所在地县以上建设行政主管部门和其他行政主管部门办理国有投融资建筑工程竣工验收备案和办理产权登记时，应当提交《竣工结算备案书》和《竣工结算更正意见书》。

拓展知识

❖ 电力工程识图

图纸是工程技术界的共同语言。图纸的种类很多，我们常见的建筑工程图按专业分为土建工程图、采暖通风工程图、给水排水工程图、电力工程图、工艺流程工程图等。各种图纸都有各自的特点，各自的表达方式，各自的规定画法和习惯画法。下面简单介绍识读电力工程图有关的一些基本概念与知识。

（一）电力工程图的一般组成

电力工程的规模有大有小，反映不同规模的工程图纸的种类、数量也是不同的。一般而言，一项工程的电力工程图应由以下几部分图纸组成：

（1）设计说明主要阐述该电力工程设计的依据、基本指导思想与原则，补充图纸中未能表明的工程特点、安装方法、工艺要求、特殊设备的使用方法及其他使用与维护注意事项等。图例一般只列出本套图纸涉及的一些特殊图例。

（2）系统图只表示各元件的连接关系，不表示元件的具体形状、具体安装位置和具体接线方法。为了简单明了，电力系统图往往采用单线图，只有某些 380/220V 低压配电系统图才部分地采用三线图或三相四线图。电力系统图在整个电力工程图中具有十分重要的地位，认真地阅读电力系统图是非常必要的。

（3）平面图。是表现各种电力设备与线路平面布置的图纸，是进行电力安装的重要依据。平面图包括外电总平面图和各专业平面图。电力专业平面图有动力平面图、照明平面图、防雷与接地平面图等。动力及照明平面图主要表示动力及照明线路的敷设位置、敷设方式、导线穿线管种类、线管管径、导线截面及根数，同时还标出各种用电设备器具的安装数量、型号及相对位置。这种平面图不能表现电力设备、器具的具体形状，只能反映设备之间的相对位置。

（4）设备布置图。主要表明设备与附件的安装位置和安装方式及其相互关系的图纸。通常由平面图、立面图、断面图、剖面图及各种构件详图等组成。这种图一般都是按三面视图的原理绘制的。

（5）详图。分大样图和标准图两类。是表示电力工程中某一部分或某一部件的具体安装要求和做法的图纸。其中标准图是具有通用性质的详图。

（6）电力原理接线图。是表现某一具体设备或系统的电力工作原理的图纸。用以指导具体设备与系统的安装、接线、调试、使用与维护。看电力原理接线图应与平面图核对，以免漏项。

（7）安装接线图。与原理接线图相对应，是表现某一设备内部各种电力元件之间连线的图纸，用以指导电力安装接线、查线。

（二）电力工程图的主要特点

电力工程图有自己的特点，了解这些特点将对识读电力工程图有所帮助。

（1）用图形符号和文字符号表达内容及含义。构成电力工程的设备、元件、线路很多。结构类型及安装方法各异，因此在电力工程图中的设备、元件、线路及安装方式是用统一的图形符号和文字符号来表达。所以识读电力工程图时，要明确和熟悉这些符号所表达的内容与含义以及他们之间的相互关系。

电力文字符号是在电力工程图中标明设备和元件的名称、性能、作用的符号。这些符号一般都是按汉语拼音字母编制的。电力工程图的设备、元件，除了标注文字符号以外，有些还标注了设备、元件的型号。型号主要表明设备，元件的工作条件、工作性能和各种特性参数。设备、元件的型号通常由基本型号和基本规格两大部分组成。基本规格主要表明设备、元件的额定参数，如容量、电压、电流、外形尺寸、环境条件等。基本型号主要表明设备、元件的类别。基本型号主要由类组代号与设计序列代号等组成。

（2）任何电路只有当其构成闭合回路，电流能流通时，电力设备才能正常工作。阅读电路图时，应充分注意电流的流通路径。构成一个电路通常有四个要素：电源、负荷、导线、开关及控制设备。任何电路只有回路通了，设备才能处于工作状态。遵循这一原则来读电力线路图，才能脉络清晰。

（3）电力工程图不像机械工程图和其他建筑工程图那样比较集中，比较直观。比如有的电力设备安装位置在 A 处，而控制设备的信号装置、操作开关则可能在 B 处。但在一般的图面上，A 处设备的图纸要将 B 处的信号、操作开关画上，B 处元件的图纸又必须将 A 处设备的被控部分画上。这是某些电力工程图的重要特点之一，也是某些电力工程图比较难读的原因之一。所以阅读电力工程图时，应将各种有关的图纸联系起来，对照阅读。通过系统图、原理图找联系，通过设备布置图、安装接线图找位置，交叉阅读，识读效率才能提高。

（三）电力安装施工图的识读

（1）概括了解图纸情况。首先核对图纸目录，阅读设计说明，熟悉统一图例及本套图纸涉的特殊图例。了解图纸的一般情况。

（2）详细阅读电力系统图。电力系统图几乎都画成简练的单线图，并以母线为核心将各种电源，负荷、开关设备、电线电缆等联系在一起。电力系统图虽然画的很简练，但对每一根线条的来龙去脉仍然表现得十分清晰。通过阅读电力系统图，了解该电力工程有多少回路，每个回路的作用和原理，由哪些设备组成；各种设备的规格型号、电力参数；导线与电缆的型号、截面、敷设方式和穿管管径等。

（3）按照电流的流通路径，参照系统图、接线图。在平面图上找出电源进户线。顺着导线的走向，详细了解该工程动力或照明线路的敷设位置、敷设方式、导线截面及根数；各种用电设备、器具的安装数量、型号及相对位置。

（4）必须与有关的土建图、管路图等对应阅读。电力安装工程施工不可避免地与土建工程及其他专业工程（工艺、暖通、水卫、机械设备等各项安装工程）交叉进行。特别是一些暗敷管线、电力设备基础及各种电力预埋件更与土建工程密切相关。所以在阅读电力工程图时，为了准确理解图纸及便于计算工程量，必须与有关专业的图纸对应阅读。

（5）了解现行的国家标准与部颁标准。因为这些技术标准和要求在有关的标准和规定范围内已作了明确规定，在图面上一般不再一一标注清楚，仅在说明栏内注明"参考××规范"，因此只有了解这些要求和规程规范，才能真正读懂图纸，为准确计算工程量做好准备。

（四）动力及照明工程图的识读

对于现代建筑工程中最基本的电力工程是动力及照明工程，因此动力及照明工程图是电力工程图中最基本的图纸之一。动力及照明工程图一般由系统图、平面图、安装接线图等图纸组成。

（1）动力及照明电力系统图：动力及照明电力系统图是表示建筑物内外的动力、照明，其中也包括电风扇、插座和其他日用电器等供电与配电基本情况的图纸。在电力系统图上，集中地反映了动力及照明的安装容量、计算容量、计算电流、配电方式、导线与电缆的型号和截面积、导线与电缆的基本敷设方式和穿管管径、开关和熔断器的型号规格等。在一般工程中动力系统与照明系统是分开的；但在一些负荷较小的工程内，动力系统与照明系统是合二为一的。

（2）动力及照明平面图主要表示动力及照明线路的敷设位置、敷设方式、导线穿线管种数、管径、导线截面及导线根数，同时还标出各种用电设备，如照明灯、电动机、吊扇、插座、开关等，以及各种配电箱、控制开关等的安装数量、型号及相对位置。在动力及照明平面图上，导线与设备并不完全按比例画出它们的形状和外形尺寸，通

项目一 电力工程概预算

常采用图例来表示；导线与设备间的垂直距离和空间位置一般也不另用正面图表示，而是标注安装标高以及附加必要的施工说明来表明。为了更明确地表示出设备的安装位置和安装方法，动力及照明平面图一般都是在简化了的土建平面图上给出与动力、照明线路和设备有关的土建部分，以及必要的采暖通风、给排水管线等也要在图上标画出来。在动力及照明平面图上，设备及用电器具等一般也是采用图形符号和文字符号相结合的方式表示。

（3）在电力照明平面图上表示的照明设备连接关系都是安装接线图。安装接线图清楚地表明了照明器具、开关、线路的具体位置和安装方法，但对同一方向、同一标高的导线只用一根线条表示。各条线路导线根数及其走向是电力照明平面图主要表现的内容。由于图纸上线条较多，读懂这些是比较麻烦的。比较好的阅读方法是：首先了解各照明灯的控制接线方式，特别应注意分清哪些是采用两个开关或三个开关控制一盏灯的控制接线。然后再按配线回路情况将建筑物分成若干单元，按电源—导线—照明设备的顺序将回路连通。在不太熟练的情况下，自己可以另外画出照明器具、开关、插座等的实际连接图。

❖电力工程施工图预算案例

（一）某电力照明工程的工程概况、施工图与施工说明

1. 工程概况、施工图

本设计图共两张，其中电力照明平面图如图 1-1 所示，配电系统图如图 1-2 所示。

（1）建筑概况。本住宅楼共 6 层，每层高 3m，一个单元内每层共两户，有 A、B 两种户型：A 型为 4 室 1 厅，约 92m^2；B 型为 3 室 1 厅，约 73m^2。共用楼梯、楼道。

（2）供电电源。每层住宅楼采用 220V 单相电源、TN-C 接地方式的单相三线系统供电。

2. 施工说明

（1）在楼道内设置一个配电箱 AL-1，安装高度为 1.8m，配电箱有 4 路输出线（1L、2L、3L、4L），其中，1L、2L 分别为 A、B 两户供电，导线及敷设方式为 BV-3X6-SC25-WC（铜芯塑料绝缘线，3 根，截面积为 6mm^2，穿钢管敷设，管径为 25mm，沿墙暗敷），3L 供楼梯照明，4L 为备用。

（2）住户用电。A、B 两户分别在室内安装一个配电箱，其安装高度为 1.8m，分别采用 3 路供电，其中 L$_1$ 供各房间照明，L$_2$ 供起居室、卧室内的家用电器用电，L$_3$ 供厨房、卫生间用电。

（3）除非图面另有注释，房间内所有照明、插座管线均选用 BV-500 型电线穿PVC20 型管，敷设在现浇混凝土楼板内；竖直方向为暗敷设在墙体内。照明、插座支线的截面积一律为 2.5mm^2，每一回路单独穿一根管，穿管管径为 20mm。

（4）除非图面另有注释，所有开关距地 1.4m 安装，插座距地 0.4m 安装。

（5）所有电力施工图纸中表示的预留套管和预留洞口均由电力施工人员进行预留，施工时与土建密切配合。

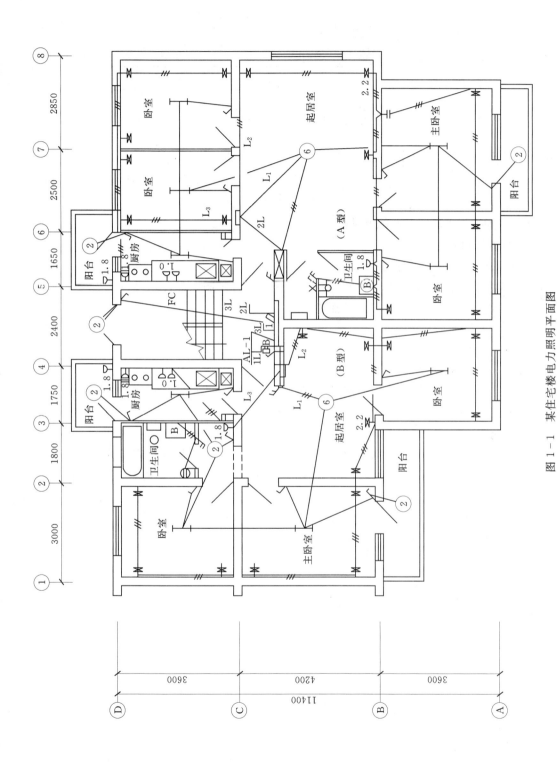

图 1-1　某住宅楼电力照明平面图

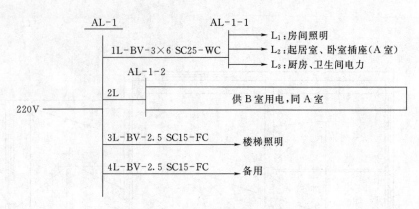

图1-2　某住宅楼供电系统图

（二）施工图预算的编制依据及说明

1. 施工图预算的编制依据

（1）工程施工图（平面图和系统图）和相关资料说明。

（2）2004年江苏省颁发的《全国统一安装工程预算定额江苏省单位估价表》。

（3）国家和工程所在地区有关工程造价的文件。

2. 施工图预算的编制要求

本例的工程类别为一类工程，施工地点为南京市区。

（三）分项工程项目的划分和排列

阅读施工图和施工说明，熟悉工程内容。从电力照明平面图及电力施工说明中可知：该工程每层楼设配电箱一个（AL-1），每户设配电箱一个（AL-1-1、AL-1-2），均为嵌入式安装。楼层配电箱到户内配电箱为6mm²铜芯塑料绝缘线穿钢管沿墙暗敷。每户的配电箱均引出3条支路，各支路为2.5mm²铜芯塑料绝缘线穿UPVC管暗敷，其中照明回路沿墙和楼顶板暗敷，插座回路沿墙和楼地板暗敷。各种套管在土建施工时已经预埋设。

阅读工程图后，对工程内容已经有了一定了解，下一步可根据预算定额的规定对工程项目加以整理，避免漏项和重复立项。

本工程可划分如下分项工程项目：

（1）暗装照明配电箱。

（2）敷设钢管（暗敷）。

（3）敷设UPVC管（暗敷）。

（4）管内穿线。

（5）安装接线盒。

（6）安装半圆球吸顶灯。

（7）安装吊灯。

（8）安装单管成套荧光灯。

（9）安装板式开关（暗装）。

（10）安装单相三孔插座。

（四）工程量计算

1. 计算工程量

（1）照明配电箱的安装。

每层 1 台公用，每户 1 台，共 3 台。

（2）钢管的敷设（暗敷）。

其中有单联、双联和三联。

1）由配电箱 AL－1 至 AL－1－1：其敷设钢管 SC25 的长度为 1.2＋1＋1.2＝3.4（m）。

2）由配电箱 AL－1 至 AL－1－2：其敷设钢管 SC25 的长度为 1.2＋2.66＋1.67＝5.53（m）。

（3）UPVC 管的敷设（暗敷）。

1）B 型单元。

对于 L_1 回路，有：

1.2（开关箱至楼板顶）＋0.44（开关箱水平至起居室 6 号吊灯开关）＋1.55（起居室 6 号吊灯开关水平至 6 号吊灯）＋3.55（6 号吊灯至卧室荧光灯）＋1.55（卧室荧光灯至开关）＋3.89（6 号吊灯至主卧室荧光灯）＋1.33（开关）＋2.22（主卧室荧光灯至阳台灯开关）＋0.89（阳台灯开关至阳台灯）＋3.66（主卧室荧光灯至卧室荧光灯）＋1.33（卧室荧光灯至卧室荧光灯开关）＋2.55（卧室荧光灯至 2 号灯）＋0.56（2 号灯至开关）＋2（2 号灯至厨房灯）＋1.67（厨房灯至开关）＋1.67（厨房灯至阳台 2 号灯开关）＋1.33（厨房阳台 2 号灯开关至 2 号灯）＋1.2×8（8 只灯，由房顶楼板至开关）＝40.99（m）

对于 L_2 回路，有：

1.8＋1.33＋2.22＋3.1＋2.89＋2.44＋1.89＋3＋6.55＋3＋0.4×13＝33.42（m）

对于 L_3 回路，有：

1.2＋2.22＋1.2＋2.22＋2＋0.22＋1.11＋0.8＋0.56＝11.53（m）

2）A 型单元。

对于 L_1 回路，有：

1.2＋2.78＋4＋3.89＋1.67＋3.66＋1.78＋2.22＋1.34＋3.89＋1.67＋2.78＋1.67＋2＋1.67＋1.67＋1.11＋1.6×8＝51.8（m）

对于 L_2 回路，有：

1.8＋3.63＋4.2＋3.6＋2＋7.22＋3＋1.33＋3.11＋7＋1.8×1＋0.4×12＝43.49（m）

对于 L_3 回路，有

1.8＋3.6＋2＋2＋1.44＋1.8×2＋1×1＋0.4×2＝16.24（m）

（4）管内穿线。

1）钢管内穿 6mm² 铜芯塑料绝缘线，所需长度为（3.4＋5.53）×3＝26.69（m）。

2）B 型单元。

L_1 回路为照明回路，都为两根线，只有起居室 6 号吊灯开关水平至 6 号吊灯为 3 根线，所需长度为 40.99×2（全部管长）＋1.55＝83.53（m）。

L_2 回路为插座回路，都为 3 根线，所需长度为 33.42×3＝100.26（m）。

L_3 回路为插座回路，都为 3 根线，所需长度为 11.53×3（全部管长）＝34.59（m）。

3）A 型单元。

L_1 回路为照明回路，都为两根线，只有起居室 6 号吊灯开关水平至 6 号吊灯为 4 根线所需长度为 51.8×2＋4×2＝111.6（m）。

L_2 回路为插座回路，都为 3 根线，所需长度为 43.49×3＝130.47（m）。

L_3 回路为插座回路，都为 3 根线，所需长度为 16.24×3＝48.72（m）。

（5）接线盒的安装。

1）B 型单元。

L_1 回路：7＋8（开关盒）＝15 个。

L_2 回路：13 个。

L_3 回路：6 个。

2）A 型单元。

L_1 回路：4＋8（开关盒）＝12 个。

L_2 回路：10＋2＝12 个。

L_3 回路：9 个。

（6）半圆球吸顶灯的安装。

每户 3 只，共 6 只。

（7）吊灯的安装。

每户 1 只，共两只。

（8）单管成套荧光灯的安装。

A 型单元 5 只，B 型单元 4 只，共 9 只。

（9）板式开关的安装（暗装）。

其中有单联、双联和三联之分。A 型单元 9 只，B 型单元 9 只，共 18 只。

（10）单相三孔插座的安装。

A 型单元 20 只，B 型单元 18 只，共 38 只。

2. 工程量列表

工程量计算完后，为便于计算，将工程量以表格形式列出，见表 1-3。

表 1-3　　　　　　　　　　　　工 程 量 计 算 表

序号	分部分项工程名称	计算式	计量单位	工程数量	部　位
1	照明配电箱安装	3 台	台	3	走廊、房间
2	钢管敷设	3.5＋5.53	100m	0.09	沿墙、天花板暗敷
3	CPVC 管敷设	40.99＋30.42＋11.53＋51.8＋43.49＋16.24	100m	1.98	沿墙、天花板、地板暗敷
4	管内穿线（6mm²）	26.69	100m	0.27	
5	管内穿线（2.5mm²）	83.53＋100.26＋34.59＋111.6＋130.47＋48.72	100m	5.09	各用户房间

序号	分部分项工程名称	计算式	计量单位	工程数量	部 位
6	接线盒安装	（15＋13＋6＋12＋12＋9）个	10个	6.7	各用户房间
7	吊灯安装	2个	10套	0.2	各用户客厅
8	半圆球吸顶灯安装	6个	10套	0.6	各用户阳台、卫生间
9	单管成套荧光灯安装	9套	10套	0.9	各用户房间
10	板式开关安装	18只	10套	1.8	各用户房间
11	单相三孔插座安装	38只	10套	3.8	各用户房间

（五）套用定额单价计算工程量定额费用

（1）整理工程量、套定额，计算工程定额直接费（不含主材费用）整理、计算结果见表1-4。

表1-4　　　　　　　工 程 预 算 表

工程名称：某住宅楼一层电力照明工程　第　页　共　页

序号	材料名称	规格型号	单位	消耗数量	单价/元	合价/元
1	照明配电箱		台	3	300	900
2	穿线钢管	DN25	m	9×（1＋3％）＝9.27	6.62	61.37
3	UPVC管	管径20mm	m	198×（1＋3％）＝203.94	3.50	713.79
4	铜芯塑料绝缘线	BV6.0	m	27×（1＋1.8％）＝27.49	4.39	120.68
5	铜芯塑料绝缘线	BV2.5	m	509×（1＋1.8％）＝518.16	1.20	621.79
6	接线盒		个	67×（1＋2％）＝68.34	5.10	348.53
7	吊灯（9头花灯）		套	2×（1＋1％）＝2.02	450	909.00
8	半圆球吸顶灯		套	6×（1＋1％）＝6.06	32.00	193.92
9	单管成套荧光灯		套	9×（14－1％）＝9.09	39.60	359.96
10	板式开关		套	18×（1＋2％）＝18.36	15.00	275.4
11	单相三孔插座		套	38×（1＋2％）＝38.76	5.00	193.8
合计						4698.24

（2）计算主材费用，见表1-5。

表1-5　　　　　　　主 材 费 用 计 算

定额编号	项目名称	规格型号	单位	数量	预算单价/元	合价/元	人工费/元 单价	人工费/元 合价	材料费/元 单价	材料费/元 合价	机械费/元 单价	机械费/元 合价
2－264	照明配电箱安装		台	3	97.02	291.06	42.12	126.36	29.2	87.6		
2－983	砖、混凝土暗配钢管	DN25	100m	0.09	408.01	36.72	198.90	17.90	54.3	4.89	33.48	3.01
2－1098	PVC管敷设	UPVC20	100m	1.98	211.39	418.55	111.62	211.01	3.78	7.48	27.9	55.24
2－1200	管内穿线（6mm²）		100m	0.27	45.98	12.42	18.72	5.05	15.84	4.28		
2－1172	管内穿线（2.5mm²）		100m	5.09	51.59	262.59	23.4	119.11	13.91	70.8		

定额编号	项目名称	规格型号	单位	数量	预算单价/元	合价/元	人工费/元 单价	人工费/元 合价	材料费/元 单价	材料费/元 合价	机械费/元 单价	机械费/元 合价
2-1377	接线盒安装		10个	6.7	22.48	150.62	10.53	70.55	5.53	37.05		
2-1530	吊灯安装（9头花灯）		10套	0.2	163.96	32.79	94.54	18.91	11.75	2.35		
2-1384	半圆球吸顶灯安装		10套	0.6	137.73	82.64	50.54	30.32	56.36	33.82		
2-1594	单管成套荧光灯安装		10套	0.9	117.33	105.6	50.78	45.7	35.57	32.01		
2-1637	板式开关安装		10套	1.8	35.17	63.31	19.89	35.8	3.15	5.67		
2-1668	单相三孔插座安装		10套	3.8	41.81	158.88	21.29	80.90	6.53	24.81		
合计						1615.18		761.61		310.76		58.25

（3）分部分项工程量清单总费用。

1615.18＋761.61（37/26－1）＋4698.24＝6635.64（元）

式中 37/26 为现行人工单价与定额人工单价的比。

（六）计算措施项目费、规费、税金和工程造价（表1-6）

1. 措施项目费（原按系数计取的直接费）

在电力安装工程中脚手架搭拆费按人工费的 4% 计取，其中人工费占 25%。脚手架搭拆费＝人工费×4%＝761.61×（37/26）×4%＝43.35（元）其中人工费＝脚手架搭拆费×25%＝10.84（元）。

2. 规费（原间接费）

（1）工程定额测定费：费率 1‰。

（2）安全生产监督费：1.9‰。

（3）建筑管理费：3‰。

（4）劳动保险费：13‰。

　　　规费＝（6961.03＋43.35）×18.9‰＝7004.38×18.9‰＝132.38（元）

3. 税金

税金＝（6961.03＋43.35＋132.38）×3.412%＝7136.76×3.412%＝243.51（元）

表1-6　　　　　　　**工　程　造　价**

序号	费用名称		计算公式	备注
一	分部分项工程量清单费用		6961.03	按《江苏省安装工程计价表》
	其中	（1）人工费	761.61×（37/26）＋10.84＝1094.67	
		（2）材料费	310.76	
		（3）机械费	58.25	
		（4）主材费	4698.24	
		（5）管理费	（1）×费率＝1094.67×59%＝645.86	
		（6）利润	（1）×费率＝1094.67×14%＝153.25	
二	措施项目清单计价		43.35	按《计价表》或费用计算规则

续表

序号	费用名称		计算公式	备注
三	其他项目费用			双方约定
四	规费		132.38	
	其中	1. 工程定额测定费	（一＋二＋三）×费率＝7004.38×18.9‰	按规定计取 1‰
		2. 安全生产监督费		按规定计取 1.9‰
		3. 建筑管理费		按规定计取 3‰
		4. 劳动保险费		按各市规定计取 13‰
五	税金		（一＋二＋三＋四）×费率＝7136.76×3.412%＝243.51	按各市规定计取 3.412%
六	工程造价（一层）		一＋二＋三＋四＋五＝7380.27	

4.1 单元电力照明工程造价

1 单元一层的电力照明工程造价＝分部分项工程量清单费用＋措施项目费＋规费＋税金＝6961.03＋43.35＋132.38＋243.51＝7380.27（元）。

1 单元电力照明工程造价＝7380.27×6＝44281.62（元）。

能力检测

1. 电力工程费用的组成有哪些？

2. 工程量清单的组成部分有哪些？

3. 概算定额法的编制步骤有哪些？

4. 建设项目总概算文件的组成有哪些？

5. 施工图预算综合单价法编制步骤有哪些？

6. 施工预算的内容构成有哪些？

7. 竣工决算的内容构成有哪些？

8. 竣工结算的编制步骤有哪些？

项目二　电力工程监理

【项目分析】

　　从监理概述、监理的做法和要求以及质量评定验收三方面来介绍电力工程监理部分的知识，使学生对电力工程监理有初步的认识。

【培养目标】

　　了解工程监理的性质和特点、工程监理的内容与措施以及工程监理的程序和做法。熟悉电力工程建设项目相关的法律法规，具有较高的专业技术水平、较强的综合协调能力。有较高的判断决策能力，及时、灵活处理各种矛盾、纠纷。具有搜集、查阅和整理工程监理资料的能力。

任务一　概　　述

【任务描述】

　　电力工程监理目前按照工程的大小虽只由一个或几个人专职或兼职从事这方面工作，但它已经成为工程监理队伍中不可或缺的组成部分。按专业内容分强电、弱电两部分，目前仍以强电工程监理为主。

【任务分析】

　　(1) 了解电力工程实施监理过程。

　　(2) 了解电力工程项目监理的性质特点。

　　(3) 熟悉监理措施的内容，掌握电力工程监理过程程序。

【任务实施】

一、性质和特点

(一) 性质

电力工程实施监理非常必要，也十分重要，原因在于以下几点。

1. 经济体制的改变

市场经济一改过去以电力工程单位为主导的监督机制，克服其原有多种弊病、缺陷的同时，也急需一个客观的第三方公正、独立、自主地开展监督工作。

2. 内外关系的协调配合

随着电力工程自身管理体制的完善、进步和现代化，也随着众多新技术进入电力工程及施工领域，电力工程施工监理变得日益重要。高新技术的大量涌进，门类众多的学科渗透，特别需要有专门机构来处理各单位间、各专业间、各技术间的内网协调与配合。

3. 电力工程市场的规范运作

电力工程市场混乱所造成的教训，使我们更应严肃正确地管理机制的运行。这种规范的市场化运作方式既是监理工作的前提，也是电力工程市场规范化的保障。

4. 管理与国际的接轨

加入"WTO"，全球建设投资纷至沓来，我们也将面向世界承担对外工程。这就需要我们采用国际上惯用的电力工程监理制度来保证工程的正常运作和质量优良。

（二）特点

电力工程监理作为工程监理的一个专业分支，与之既有联系，又有区别，重点在于两者关系的处理。

1. 与建设监理的协调

彼此根本目的一致，但又有分工，各有侧重，而且要互相补充、完善。

2. 与设备供应、系统安装以及工程设计单位的协调

除与业主的关系被公认为需要重点协调的对象外，对于电力工程，尤其是电力智能化工程，往往设备、器材供应商多，彼此自成体系，不少国外厂商的施工专业性强，工程技术含量高，更需要电力监理人员来协调处理业主、承建方和供应商之间监理和被监理的关系。

二、内容与措施

（一）工作内容

现阶段工程监理均指工程建设阶段的监理。即项目已经完成施工图的设计，并完成招标、签订合同后，电力监理工作人员根据本专业的特点，对施工阶段施工单位按投资额完成全部工程任务过程中，围绕工程质量控制、进度控制、和造价控制而展开的对工程建设的监督和控制。施工阶段监理工作的内容如图 2-1 所示。

施工阶段监理人员工作的主要内容是：

（1）协调建设单位与承建单位编写开工报告。

（2）确认承建单位选择的分包单位。

（3）审查承建单位提出的施工组织设计、施工技术方案和施工进度计划，提出改进意见。

（4）审查承建单位提出的材料和设备清单，及其所列出的规格与质量。

（5）督促、检查承建单位严格执行工程承包合同和相关的工程技术标准、规范。

（6）调解建设单位与承建单位之间的争议。

（7）检查工程使用的材料和设备的质量。

（8）检查安全防护设施，监督施工的安全作业。

（9）检查工程进度和施工质量，验收分布、分项工程并签署工程款支付证书。

（10）监督整理合格文件和技术资料及时归档。

（11）组织设计单位和承建单位进行工程竣工初步验收，提出竣工验收报告。

（12）审查工程结束。

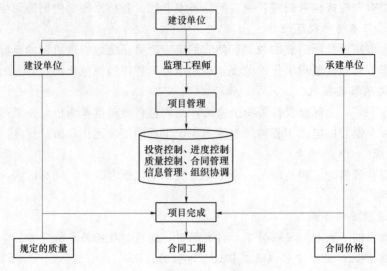

图 2-1 施工阶段监理工作内容

(二) 工作措施

电力监理工程师在施工监理中工作内容主要有以下几个方面:

(1) 旁站监理。

(2) 测量及试验。

(3) 严格执行监理程序。

(4) 指令性文件。

(5) 工地会议。会议的主要内容是由总监理工程师和专业监理工程师进行如下监理交底:

1) 执行持证上岗制度,检验电力施工人员的上岗证或特种作业人员操作证。

2) 认真读懂电力施工图纸,书面记下各项疑难问题,在设计交底会上逐个解决。

3) 严格执行电力工程安装质量若干规定,将电力施工方案及书面的技术交底资料,交电力监理工程师审阅。

4) 按照参加监理例会(工地会议),汇报工程进度、工程质量及存在的有关问题。

5) 按照工程项目监理工作管理规定的工作程序,及时办理报验手续。

6) 按照电力安装工程施工技术资料管理规定,对施工技术资料管理的要求,整理竣工验收资料,严格隐蔽工程报验制度,工程施工技术资料应随施工进度及时整理,项目齐全、记录准确、真实。

7) 材料、器材和设备的加工、订货,应由电力监理工程师进行质量认定。

8) 有关设计变更与洽商,应有设计、施工、监理单位各方的签认,未经监理工程师签认不得施工。

9) 为便于电力监理工程师对工程投资进行控制,应将中标的合同造价(电力安装工程的工程概算)交监理工程师备查。工程项目付款申报时,应填写月工程计量申报表,由电力监理工程师进行核定。

10) 在第一次监理工作交底的会议上,未尽事宜,会后应加以补充完善。

（6）停止支付权。

（7）约见承建单位。

（8）专家会议。

（9）计算机辅助管理。

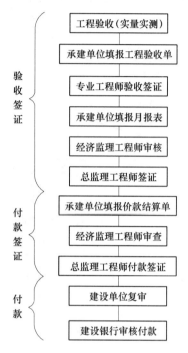

图 2-2 工程投资监理控制程序图

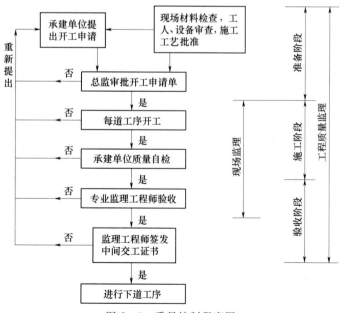

图 2-3 质量控制程序图

三、工作的程序

"三控制"的程序分别以图的形式表达。其中投资控制程序如图 2-2 所示；质量控制程序如图 2-3 所示；进度控制程序如图 2-4 所示。

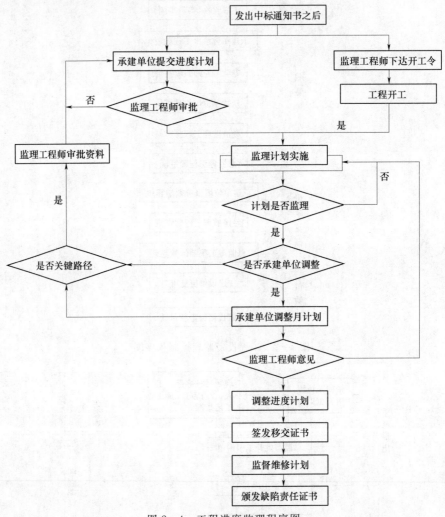

图 2-4　工程进度监理程序图

❖查阅实际监理合同文本，学习相关内容
❖查阅电力专业监理合同，注意其专业特点

1. 电力工程实施监理的重要性有哪些？
2. 施工阶段监理工作的内容有哪些？

任务二　做法及要点

【任务描述】

本部分介绍电力工程监理的工作作法和几个关键阶段的实施要点。

【任务分析】

（1）理解"三控、两管、一协调"对电力工程监理的工作作法的概括意义。

（2）掌握包括质量控制、进度控制、投资控制、合同管理、资料管理、组织协调等具体操作内容。

【任务实施】

一、做法

工作作法概括起来为："三控、两管、一协调"，分述如下。

（一）质量控制

质量控制是整个监理工作中占极大比重的工作，其工作要点为：

（1）电力安装工程施工单位的资格审查。

1）从事电力工程的施工单位，必须持有电力主管部门颁发的"供、用电工程施工许可证"，其资格和能力应与承包工程的规模和技术相适应。

2）工程项目技术负责人，应由具有助理工程师以上技术职称的人员担当，并经考核合格。

3）消防工程（含火灾报警系统）施工单位，必须持有建设主管部门的施工单位资质等级证书和消防部门颁发的消防工程施工许可证。

4）电梯、通信、有线电视电缆等专业安装单位，须持有建设主管部门颁发的与安装范围相一致的安装许可证。

（2）设计文件的复核、优化与设计变更、洽商。

1）开工前，电力监理和电力安装工程单位应及时组织有关人员设计交底，此前应组织有关人员熟悉电力施工图纸，了解工程特点及工程关键部位的质量要求。施工单位应将图纸中影响施工、质量及图纸差错汇总，填写图纸会审记录，提交设计单位在设计交底时协商研究统一意见。对影响工程质量、影响今后的使用功能及不合格的设计，监理单位应要求有关单位进行修改设计。

2）设计单位下发的"设计变更"，须有建设单位的签认，并通知监理工程师（送复印件）。

3）建设单位与承建单位之间的"工程洽商"，除需要经设计人同意外，未经监理工程师签认，不得施工。

（3）电力施工方案的审批。

（4）电力安装工程所需材料、器件与设备的认定。

（5）现场检查。

（6）工程报验。

1）认真审查、预检工程检查记录与隐蔽工程检查记录。

2）预检以下项目并作记录：

a）明配管（包括能进入的吊顶内配管）的品质、规格、位置、标高、固定方式、防腐、外观处理等；

b）变配电装置的位置；

c）高低压电源进线口方向、电缆位置、标高等；

d）开关、插座、灯具的位置；

e）防雷接地工程。

3）检查以下项目的品种、规格、位置、标高、弯度、连接、焊接、跨接地线、防腐、需焊接部位的焊接质量、管盒固定、管口处理、敷设情况、保护层及其他管线的位置关系，并作记录。

a）埋在结构内的各种电线导管。

b）利用结构钢筋做的避雷引下线。

c）接地极埋设与接地带连接处；均压环、金属门窗与接地引下线的连接。

d）不能进入吊顶内的电线导管及线槽、桥架等敷设。

e）直埋电缆。

（7）分项验收。以下系统在做系统调试后，应进行分项验收，并做好"报验"与"认可"手续：

1）电力照明系统附电力绝缘电阻测试记录、电力照明器具通电安全检查记录、电力照明试运行记录。

2）广播、通讯系统。

3）电缆电视系统。

4）火灾报警系统。

5）消防供水稳压系统，附动力试运行记录。

6）通风、空调系统，附动力试运行记录。

7）防雷、接地系统，附电力接地装置安装平面示意图、电力接地电阻测试记录。

8）电梯安装工程，附电梯安装工程施工技术全套资料。

9）变配电系统。

10）楼宇自控系统。

11）保安监控系统。

（8）分部工程验收。

（9）监理通知与备忘录。

1）凡在施工过程中存在影响工程质量与工程进度的做法，以及不符合工艺要求之处，一旦发现，除应通知电力工长立即改正外，还应以书面形式下发"监理通知"，以此作为告诫的依据。

2）凡在工程建设监理过程中，存在一些影响工程质量与进度的问题，若与建设单位有关，应以"备忘录"形式通知建设单位，说明问题，请有关方面予以关注。

（二）进度控制

进度控制的主要内容包括以下方面。

1. 施工前进度控制

（1）确定进度控制的工作内容和特点，控制方法和具体措施，进度目标实现的风险分析，以及还有哪些尚待解决的问题。

（2）编制施工组织总进度计划，对工程准备工作及各项任务做出时间上的安排。

（3）编制工程进度计划，重点考虑以下内容：

1）所动用的人力和施工设备是否能满足完成计划工程量的需要。

2）基本工作程序是否合理、实用。

3）施工设备是否配套，规模和技术状态是否良好。

4）如何规划运输通道。

5）工人的工作能力如何。

6）工作空间分析。

7）预留足够的清理现场时间，材料、劳动力的供应计划是否符合进度计划的要求。

8）分包工程计划。

9）临时工程计划。

10）竣工、验收计划。

11）可能影响进度的施工环境和技术问题。

（4）编制年度、季度、月度工程计划。

2. 施工过程中进度控制

（1）定期收集数据，预测施工进度的发展趋势，实行进度控制。进度控制的周期应根据计划的内容和管理目的来确定。

（2）随时掌握各施工过程持续时间的变化情况以及设计变更等引起的施工内容的增减，施工内部条件与外部条件的变化等，及时分析研究，采取相应措施。

（3）及时做好各项施工准备，加强作业管理和调度。在各施工过程开始之前，应对施工技术物资供应，施工环境等做好充分准备。应该不断提高劳动生产率，减轻劳动强度，提高施工质量，节省费用，做好各项作业的技术培训与指导工作。

3. 施工后进度控制

施工后进度控制是指完成工程后的进度控制工作，包括：组织工程验收，处理工程索赔，工程进度资料整理、归类、编目和建档等。

（三）投资控制

电力施工阶段的投资控制主要是造价控制，其主要内容是工程量的计算量与竣工结算的审核。工程造价控制的原则是：

（1）应严格执行甲、乙双方签订的建筑工程施工合同所确定的合同价、单价和约定的工程款支付方法。

（2）应坚持在报验资料不全、与合同文件的约定不符、未经质量签认合格或有违约的不予审核和计量（但可在协商情况下，预付一部分）。

（3）对有争议的工程量计量和工程款，应采取协商的方法确定，在协商无效时，由总监理工程师作出决定。

（4）竣工结算、工程竣工、经建设单位、设计单位、监理单位、承建单位验收合格后，承办单位应在规定的时间内，向项目监理部提交竣工结算资料，电力监理工程师应及时对所报结算资料中的电力部分进行审核，并与承包单位、建筑单位协商和协调，提出审核意见。

（5）工程量计量。电力监理工程师对承包单位申报的月完成工程量报审表审核（必要时应与承包单位协商），所计量的工程量应经总监同意后，由电力监理工程师签认。

（四）合同管理

（1）对电力监理，主要是设计变更、洽商的管理。

1）设计变更、洽商无论是由谁提出和谁批准，均需按设计变更、洽商的基本程序进行管理。

2）《设计变更、洽商记录》须经监理单位签认后，承办单位方可执行。

3）《设计变更、洽商记录》的内容应符合有关规范、规程和技术标准。

4）《设计变更、洽商记录》填写的内容必须表达准确、图示规范。

5）设计变更、洽商记录的内容，应及时反映在施工图纸上。

6）分包工程的设计变更、洽商应通过总承包单位办理。

（2）设计变更、洽商的费用由承办单位填写《设计变更、洽商费用报审表》报项目监理部，由监理工程师进行审核后，总监师签认。

（3）电力安装工程的分包合同，以及设备的订货合同等，均应将复印件交电力监理存档，以便监理人员能督促合同双方履行合同，并按合同的技术要求行事。

（五）资料管理

实质上将彼此的信息交换存档保护。

1. 资料分类

（1）施工组织设计、施工方案。

（2）设计变更与洽商。

（3）分包单位资格审查。

（4）工程材料报验。

（5）工程检验认可。

（6）投资控制。

（7）合同管理。

（8）监理通知及备忘录。

（9）来往信函及会议纪要。

（10）质量事故处理资料。

2. 必完备的本专业资料

（1）绝缘电阻测试记录。

（2）接地电阻测试记录。

（3）电力照明全负荷试运行记录。

（4）动力（电动机）试运行记录。

（5）电力设备安装和调整试验、试运转记录。

（6）电梯安装工程的质保资料还应包括：

1）空载、半载、满载和超载试运转记录；

2）调试试验报告；

3）电力安装工程竣工验收证书和保修单，及建筑工程质量监督部门的质量监督核定书。

（7）通信、电视等专业应按相应规范的规定要求办理。

（六）组织协调

主要是在建筑方、承建施工方以及设计方三者间就上述五方面进行组织协调。

二、要点

几个关键阶段的实施要点分述如下。

（一）图纸会审

1．初审

施工前由电力人员在专业内容，组织有关人员共同通读详情查对图纸核实存在的问题，展开讨论，弥补设计中的不足，并由专业工程技术人员把问题逐一记录出来。

2．内部会审

监理单位内各专业间对施工图纸共同审查，分析各专业工种间相关交接和施工配合矛盾，施工中的协作配合。

3．综合会审

在内部会审的基础上，由建设单位、监理单位、施工单位与各分包施工单位，共同对施工图进行全部综合的会审。一般建设单位负责组织，首先由设计单位进行设计交底。然后由施工单位将初审或内部会审中整理归纳出问题一一提出，与设计、监理、建设单位进行协商。专业之间的施工技术配合问题一并在该会上予以研究解决。

对于电力专业一般情况图纸会审的重点为：

（1）图纸及说明是否齐全，电力施工图的平面图与土建图及其他专业的平面是否相符。

（2）图纸设计内容是否符合设计规范和施工验收规程的规定，是否完善了安全用电措施，施工技术上有无困难。

（3）电力器具、设备位置尺寸正确与否，轴线位置与设备间的尺寸有无差错，设备与建筑结构是否一致，安装设备处是否进行了结构处理。

（4）电力施工图与建筑结构及其他专业安装之间有无矛盾，应采取哪些安全措施，配合施工时存在哪些技术问题和解决措施。

（5）管路布置方式及管线是否与地面、楼（地面）及垫层厚度相符。配电系统图与平面图之间的导线根数、管径的标注是否正确。

（6）标准图、大样图的选用是否正确，标注是否一致，设计（施工）说明中的工程做法是否正确，与国家有关规定是否有矛盾。

（7）设计方案能否施工，使用的新材料和特殊材料的规划、品种能否满足要求；设计图纸中所选用的材料、设备必须是经过国家有关机构认证、鉴定、检测、合格的优良产品，能保障电力系统安全可靠、经济合理地运行。同时，不是国家四部、三委、一局公布的第一至第十七项中淘汰的机电产品。

（二）施工方案的审批

审查的要点：

（1）基本要求：施工方案应有施工单位负责人签字；符合施工合同的要求；应由专业监理工程师审核后，经总监理工程师签认。

（2）施工布置是否合理，所需人力、材料的配备等施工进度计划是否协调。

（3）施工程序的安排是否合理。

（4）施工机械设备的选择应保证工程质量，避免对施工质量的不良影响。

（5）主要项目的施工方法是否合理；方法可行，符合现场条件及工艺要求；符合国家有关的施工规范和质量验收评定标准的有关规定；与所选择的施工机械设备和施工组织方式相适应；经济合理。

（6）质量保证措施是可靠，并具有针对性，质量保证体系是否健全（落实到人）。

（三）监理交底

技术交底共分为三种：

（1）设计交底。

（2）施工组织设计交底。

（3）监理交底。

电力监理交底的要点为：

（1）持证上岗。

（2）认真读懂电力施工图纸，书面记下各项疑难问题，在设计交底会上逐点求得解决。

（3）严格执行电力安装质量的相关规定；将"电力施工方案"及书面的"技术交底"资料，交电力监理工程师审阅。

（四）工程变更与技术核定

工程变更与技术核定分为：

（1）由施工单位提出的工程变更与技术核定。

（2）由设计单位提出的工程变更与技术核定。

（3）由建设单位提出的工程变更与技术核定。

（五）智能化工程

监理构思和框架与强电工程基本一致，主要在于依据的规程、规范以及监理范围不同，且各部分监理范围随技术的发展变化很大，往往规程、规范之后。这是特别要引起重视之处。

拓展知识

❖查阅相关电力工程监理案例，熟悉监理过程

能力检测

"三控、两管、一协调"具体指什么？

任务三　质量评定验收

【任务描述】

本任务介绍电力工程监理质量评定验收所依据的标准、工程质量的评定等级、工程质量的验收内容、电力竣工验收的内容。

【任务分析】

（1）熟悉工程建设监理的主要法规，电力专业常用规范、标准，了解监理质量评定验收所依据的标准。

（2）熟悉分项工程的质量等级、分部工程的质量等级、单位工程的质量等级，了解工程质量的评定等级。

（3）掌握验收的规定、标准，了解工程质量的验收内容。

（4）掌握隐蔽工程的验收、分项工程验收、竣工验收、交接验收，了解电力竣工验收的内容。

【任务实施】

一、依据的标准

（一）工程建设监理的主要法规

我国工程建设监理的法律、法规体系的框架由法律、行政法规、地方性法规、部门规章、政府规章、规范性文件和技术规范等组成。

（二）电力专业常用规范、标准

二、工程质量的评定等级

（一）分项工程的质量等级

1. 合格

（1）保证项目必须符合相应质量检验评定标准的规定。

（2）基本项目抽检的处（件）应符合相应质量检验评定标准的合格规定。

（3）允许偏差项目抽检的点数中，建筑工程有 70％ 及其以上、建筑设备安装工程有 80％ 以上的实测值，应在相应质量检验评定标准的允许偏差范围内，其余的实测值也应基本达到相应质量检验评定标准的规定。

2. 优良

（1）保证项目必须符合相应质量检验评定标准的规定。

（2）基本项目每抽检的处（件）应符合相应质量检验评定标准的合格规定，其中有 50％ 及其以上的处（件）符合优良标准，该项即为优良；优良项数应占检验项数 50％ 及其以上。

（3）允许偏差项目抽检的点数中，有 90％ 及其以上的实测值，应在相应质量检验评定标准的允许偏差范围内，其余的实测值也应基本达到相应质量检验评定标准的规定。

（二）分部工程的质量等级

1. 合格

所含分项工程的质量全部合格。

2. 优良

所含分项工程的质量全部合格，其中有50%及其以上为优良。

（三）单位工程的质量等级

1. 合格

（1）所含分部工程的质量全部合格。

（2）质量保证资料应基本齐全。

（3）观感质量的评定得分率应达到70%及以上。

2. 优良

（1）所含分部工程的质量应全部合格，其中有50%及其以上优良，建筑工程必须含主体和装饰分部工程；以建筑设备安装工程为主的单位工程，其指定的分部工程必须优良。如锅炉房的建筑采暖卫生与煤气分部工程，变、配电室的建筑电气安装分部工程，空调机房和净化车间的通风与空调分部工程等。

（2）质量保证资料应基本齐全。

（3）观感质量的评定得分率应达到85%及其以上。

三、工程质量的验收

（一）验收的规定

（1）施工质量应符合《建筑工程施工质量验收统一标准》（GB 50300—2001）和相关验收规范的规定，并符合勘察、设计文件的要求。

（2）参加工程施工质量验收的各方人员应具备规定的资格。

（3）验收均应在施工单位自行检查评定的基础上进行。

（4）隐蔽工程在隐蔽前应由施工单位通知有关单位（监理、建设单位）进行验收，并形成验收文件。

（5）涉及结构、安全的试块、试件以及有关材料，应按规定进行见证取样检测；承担见证取样检测及有关结构、安全检查的单位应具有相应的资质。

（6）对设计结构、安全和使用功能的重要分部工程应进行抽样检测。

（7）工程的观感质量应由验收人员通过现场检查，并应共同验收。

（8）检验的质量应按主控项目和一般项目验收。

（二）验收的标准

（1）检验批质量合格。

（2）分项工程质量合格。

（3）分部工程质量合格。

（4）单位工程质量合格。

四、电力的竣工验收

（一）隐蔽工程验收

电力安装中的埋设线管、直埋电缆、接地等工程在下道工序施工前，应由监理人员进行隐蔽工程检查验收，并认真办理好隐蔽工程验收手续。隐蔽工程记录是以后工程合理使用、维护、改造、扩建的一项主要技术资料，必须纳入技术档案。

（二）分项工程验收

电力工程在某阶段工程技术，或某一分项工程完工后，由监理单位、建单位、设计单位进行分项工程验收。电力安装工程项目完成后，要严格按照有关的质量标准、规程、规范进行交接试验，试运转和联动试运行等各项工作，并做好签证验收记录，归入工程技术档案。

（三）竣工验收

工程正式验收前，由施工单位进行预验收，检查有关的技术资料、工程质量，发现问题及时做好处理。竣工验收工作应由建设单位负责组织，根据工程项目的性质、大小，分别由设计单位、监理单位、施工单位以及有关人员共同进行。

1. 验收的依据

（1）甲、乙双方签订的工程合同。

（2）上级主管部门的有关文件。

（3）设计文件、施工图纸和设备技术说明及产品合格证。

（4）国家现行的施工验收技术规范。

（5）建筑安装工程设计规定。

（6）国外引进的新技术或成套设备项目，还应按照签订的合同和国外提供的设计文件等资料进行验收。

2. 验收的标准

（1）工程项目按照合同规定和设计图纸要求已全部施工完毕，达到国家规定的质量标准，能够满足使用要求。

（2）设备调试、试运行达到设计要求，运转正常。

（3）施工场地清理完毕，无残存的垃圾、废料和机具。

（4）交工所需的所有资料齐全。

（四）交接验收

（1）施工单位向建设单位提供下列资料：

1）分项工程竣工一览表，包括工程的编号、名称、地点、建筑面积、开竣工日期及简要工程内容。

2）设备清单，包括电力设备名称、型号、规格、数量、重量、价格、制造厂及设备的备品和专用工具。

3）工程竣工图及图纸会审记录，在电力施工中，如设计变更程度不大时，则以原设计图纸、设计变更文件及施工单位的施工说明作为竣工图；设计变更较大时，要有设计单位另绘制安装图，然后由施工单位附上施工说明，作为竣工图。

4）设备、材料证书，包括设备、材料（包括半成品、构件）的出厂合格证（质量鉴定书）及说明书，试验调整记录等。

5）隐蔽工程记录，隐蔽工程记录须有监理、建设单位签证。

6）质量检验和评定表，施工单位自检记录及质量监督部门的工程项目检查评定表。

7）整改记录及工程质量事故记录，分别记录设备的整理变更及质量事故的处理。

8）情况说明，安装日记，设备使用或操作注意事项，合格化建议和材料代用说明签证。

9）未完工程的明细表，少量允许的未完工程需列表说明。

（2）建设单位收到施工单位的通知或提供的交工资料后，应按时派人会同施工单位进行检查、鉴定和验收。

（3）进行单体试车、无负荷联动试车和有负荷联动试车，应以施工单位为主，并与其他工种密切配合。

（4）办理工程交接手续，经检查、鉴定和试车合格后，合同双方签订交接验收证书，逐项办理固定资产的移交，根据承包合同规定办理工程结算手续，除注明承担的保修工作内容外，双方的经济关系与法律责任可予解除。

拓展知识

❖搜寻电力工程项目行业验收标准

能力检测

1. 工程质量验收的规定有哪些？
2. 电力竣工验收的依据包括哪些？

项目三 电力工程项目管理

【项目分析】

本项目介绍的是电力项目管理方面的内容。开篇部分对电力工程项目管理的基本概念、基本方法做了介绍。紧接着分别从时间管理、成本管理、质量管理、合同管理四个方面对电力工程项目管理展开讨论。本项目的重点和难点是项目进度控制与优化、成本控制、质量保证、质量安全事故处理和合同争议处理等。

【培养目标】

了解电力工程项目管理的基本内容、建设工程合同管理的基本内容和法律基础。具有搜集、查阅和整理工程管理资料的能力。能结合质量和成本对工期进行优化以及具备解决突发事故的能力。

任务一 电力工程项目管理

【任务描述】

项目是指按限定时间、限定费用和限定质量标准完成的一次性任务和管理对象。项目管理是为使项目取得成功所进行的全过程、全方位的规划、组织、控制与协调。电力工程项目管理就是由一支项目团队执行一定的规程，运用一定的工具和技术，作出一定的经济分析，按照一定的流程来满足或超越客户的需求和期望，完成既定的电力供应与安装任务的全过程。

【任务分析】

（1）了解工程项目管理的概念。

（2）从定义、现状、管理三个方面了解电力工程项目管理的内容。

【任务实施】

一、工程项目管理概论

（一）项目

项目是指按限定时间、限定费用和限定质量标准完成的一次性任务和管理对象。

特性：一次性、明确性、整体性。

项目分类：应按最终成果或专业特性为标志进行划分。

1. 建设项目

建设项目需要一定量的投资，按照一定的程序，在一定时间内完成，符合质量要求，以形成固定资产为明确目标的一次性任务。包括新建、扩建、改建和恢复工程。

2. 施工项目

施工项目是承包商对建筑产品的施工工程及最终产品。

(二) 项目管理

项目管理是为使项目取得成功所进行的全过程、全方位的规划、组织、控制与协调。特性：一次性、明确性、整体性。

工程项目管理：是项目管理的一大类，其管理对象是工程项目（可以是建设项目、设计项目或施工项目）。

工程项目管理分类：建设项目、设计项目、施工项目管理（特征：主体为承包商，对象是施工项目，强化组织协调工作）、咨询项目。

二、电力工程项目管理的定义

对电力企业而言，在市场经济环境下，随着电力供求关系由卖方市场转向买方市场，逐渐向法人企业转变，电力市场竞争日益激烈，提高服务质量和开拓市场就成了电力企业（供用电施工企业）搞好经营管理的主题。但电力企业的管理，关键在于项目管理，项目管理的好坏直接影响到企业的信誉、效益，能否在电力市场占有一席之地。与一般项目管理一样，电力工程项目管理就是由一支项目团队执行一定的规程、运用一定的工具和技术、做出一定的经济分析、按照一定的流程来满足或超越客户的需求和期望，完成既定的电力供应与安装任务的全过程。成功的电力工程项目管理，对项目团队、所执行的规程、所做的经济活动分析、所使用的工具和技术以及工作流程（程序文件）等方面都有着严格的要求。

三、电力工程项目管理的现状

目前，在我国电力企业普遍存在的一种现象是，企业实施电力工程项目是一种粗放式的管理，通常认为项目管理就是把工作任务分发给各部门间或相关人员，然后设想他们将取得预期的进展，结果导致许多项目的拖延或者是有一个目标和大致的计划，但没有具体的执行方法。部分电力企业，还停留在项目管理无序的状态，企业硬软件管理不规范、器具材料的现场摆放严重杂乱，更谈不上用计算机来进行项目的全过程管理。也有部分企业没有进行合理的规划部署，各部门的进度要求不明确，直接增加了由于配合不好造成的时间延误。一个项目的进度如不进行科学管理，任其自由进展，势必延长工期，造成人力、物力的浪费，如若盲目追求进度，不顾一切地赶工期、抢进度，又势必加大成本、影响质量，给项目留下无穷隐患。

四、电力工程项目管理内容

所有电力工程项目像一般项目一样都涉及时间、成本与质量性能这三个因素。不同的项目，对项目的三大目标有不同的侧重。电力工程项目对三大目标都要同时兼顾，全面平衡。并且要使这三大目标最佳地实现，还要特别注意安全控制。

(一) 项目进度管理

项目进度管理，是指在项目实施过程中，对各阶段的进展程度和项目最终完成的期限所进行的管理。其目的是保证项目能在满足其时间约束条件的前提下实现其总体目标。项目进度管理包括两大部分内容，即项目进度计划的制订和项目进度计划的控制。电力工程项目进度管理也是如此，而且更强调安装与生产同时，要尽量减少动能转供的停歇时间。

（二）项目质量管理

项目质量管理是确保项目及其交付结果符合相关质量标准要求的过程。当前，质量关系到企业的生存，在电力企业中更是如此。一个线路跳闸，都能导致大面积停电，给电网造成巨大经济损失及社会影响，这就对施工企业的管理提出了更高、更严的要求，施工企业有必要在管理上下工夫、挖潜力。尤其是项目部管理，在施工质量上起着至关重要的作用。

1.建立项目质量保证体系

为了保证项目各阶段的输出结果满足质量标准的要求，项目小组应在项目实施之前就制定一份全面的质量标准体系。完整的质量管理工作体系，必须有组织上的保证和健全的规章制度，其中主要是责任制度。这样才能保证质量达到预期甚至超过预期目标。

2.工程施工质量管理

在施工前，针对可能影响电力安装工程施工质量的因素，必须对各个施工环节采取有效的管理措施，严格控制，以保证整个工程的质量，在施工过程中，推行施工现场技术员技术管理工作责任制，用严谨的科学态度和认真的工作作风严格要求自己。正确贯彻执行各项技术政策，科学地组织各项技术工作，建立正常的工程技术秩序，把技术管理工作的重点集中放到提高工程质量、缩短项目工期和提高经济效益的具体技术工作业务上。施工质量管理的重点是按图纸、施工及验收规范、施工方案施工，要严格执行质量标准和质量管理制度，严格按标准检查、监督。根据对影响工程质量的关键点、关键部位及重要影响因素设质量管理点的原则，并设专职质管员负责。通过建立有效的质量信息反馈系统，由质检员、技术员负责搜集、整理和传递质量动态信息给项目经理部，项目经理对异常情况信息迅速做出反应，并将新的指令信息传递给有关施工实体或人员，调整施工部署，纠正偏差，形成一个反映迅速、畅通无阻的闭环信息网。

（三）项目成本管理

成本控制就是要通过制定项目成本计划，监视实际成本执行情况，对照成本计划找出正负偏差及原因，运用各种控制的方法和技术，使项目在达到客户要求（如质量、工期等）的同时实现项目的目标成本。企业能否获得一定的经济效益，通常是通过利润最大化和成本最小化来实现的。项目成本控制的好坏直接影响施工企业的经营管理水平，项目成本管理是施工企业永恒的主题，它贯穿在电力工程项目的全过程之中。电力工程项目成本管理的重点如下。

1.增强职工降低成本的意识

电力企业一线生产人员或外包单位是电力施工生产的直接参加者，是直接成本控制的主体，只有材料费、人工费、机械费直接成本降低了，电力工程项目的经济效益才会有大的提高。因此，只有调动一线生产人员降低成本的积极性，强调施工人员的自主管理；使职工形成一种人人讲成本、人人讲效益的新观念，才是抓成本管理应该抓住的最关键的环节，才是找到了提高企业经济效益的根本点。

2. 项目工程目标成本管理基本数据的建立

项目工程目标成本管理基本数据包括项目工程总目标成本、人力资源分配、材料的消耗、实际成本。这些基本数据的建立，就能为我们预测、决策及制定管理措施提供科学依据。

（四）项目安全管理

贯彻"安全第一、预防为主"的安全生产方针。安全工作是企业的生命，也是最终完成项目目标的保证。电力工程项目的安全管理离不开加强检查监督、强化基础工作、落实安全责任三个环节。就电力工程项目的安全管理，它贯穿在从签订施工合同、进行施工组织设计、现场平面设置等施工准备工作阶段，直至工程竣工验收活动全过程。因此，作为一个电力施工企业，搞好施工的安全管理，保护员工在施工生产中的安全与健康，保护设备、物资不受损坏，不仅是管理的首要职责，也是调动员工积极性的必要条件。没有安全的施工条件，也就没有施工生产的高效率。

拓展知识

❖ 网上搜寻验项目管理合同，查看其中内容

能力检测

1. 电力工程项目管理指的是什么？
2. 电力工程项目管理具体包含哪些内容？

任务二　电力工程项目时间管理

【任务描述】

电力工程项目对时间的要求非常高，能否在规定的时间完成项目是重要的约束目标，也是衡量项目是否成功的重要标志。因此，进度控制是电力工程项目控制的首要内容，是项目的灵魂。同时，进度控制又是电力工程项目管理中的最大难点。原因是项目管理是一个带有创造性的过程，项目不确定性很大。

【任务分析】

（1）理解和掌握以下知识点：活动定义、活动排序、活动资源估算、活动历时估算、进度计划的制订、进度控制。

（2）培养合理地安排项目时间，保证按时完成项目、合理分配资源、发挥最佳工作效率的能力。

【任务实施】

一、活动定义

活动定义是通过 WBS，将项目工作分解为一系列更小、更易管理的活动，这些小的活动是保障完成项目最终交付产品的具体的、可实施的详细任务。在电力工程项目中活动可以是一个安装工艺。活动定义的主要工具和技术有分解、模板、滚动式规划、专家判断、规划组成部分等。

（一）分解

分解技术是指在活动定义过程中，将电力工程项目工作进一步分解成更小更易管理的组成部分。它的最终成果是计划活动，不是 WBS 的可交付成果。

（二）模板

在企业过程资产中，已经完成的电力工程项目活动清单可以作为新项目的模板使用。模板可以用来识别典型的进度里程碑。

（三）滚动式规划

滚动式规划反映了随着项目范围一直具体到工作组合的程度而变得越来越详细的演变过程。它是规划逐步完善的一种变现形式。项目计划活动在项目生命周期内可以处于不同的详细水平，在早期战略规划期间，活动的详细程度可能仅达到里程碑的水平。

（四）专家判断

擅长制定详细项目范围说明书、工作分解结构和项目进度表，并有富有经验的项目团队成员，可以提供活动定义方面的专业知识。

（五）规划组成部分

规划组成部分分成两部分：控制账户和规划组合。工作分解结构工作组合层次上的管理点可以作为高层管理人员的控制点。在尚未规划有关的工作组合时，这些控制点用作规划的基础。控制账户计划记载了其所有工作与付出的所有努力。规划组合是在工作分解结构中控制账户以下，这个组成部分的用途是规划无详细计划活动的已知工作内容。

二、活动排序

在电力工程项目中，一个活动的执行可能需要依赖于另外一些活动的完成，也就是说它的执行必须在某些活动完成之后，这就是活动的先后依赖关系。这里的依赖关系可以是各子系统之间的也可以是单台设备的安装工艺中的各个安装环节。一般说来，依赖关系的确定应首先分析活动之间本身存在的逻辑关系，在此逻辑关系确定的基础上再加以充分分析，以确定各活动之间的组织关系，这就是活动排序。

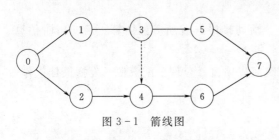

图 3-1 箭线图

（一）箭线图法

箭线图法是一种矢线图法，用箭线表示活动，活动之间用节点连接。每个节点代表一个事件。每个活动必须用唯一的紧前事件和唯一的紧后事件描述，紧前事件编号要小于紧后事件编号，并且每个事件必须有唯一事件号，如图 3-1 所示。

（二）进度计划网络模板

利用已经标准化的网络加快设计项目网络图的编制。这些标准网络可以包括整个项目或其中一部分（子网络）。当项目包括几个一样的或几乎一样的成分时，子网络特别有用。

（三）确定依赖关系

活动之间的先后顺序称为依赖关系，依赖关系包括工艺关系和组织关系。在时间管理中，通常使用三种依赖关系来进行活动排序，分别是强制性依赖关系、可自由处理的依赖关系和外部依赖关系。逻辑关系的表达可以分为平行、顺序和搭接三种形式。

三、活动历时估算

活动排序紧后的管理过程是活动资源估算。活动资源估算包括决定资源种类的需求，资源的数量，以及什么时候使用资源来有效地执行项目活动。活动资源估算必须与成本估算相结合。在电力工程项目中，活动资源估算可以根据实际情况采用以下方法。

（一）德尔菲法

德尔菲法是最流行的专家评估技术，该方法结合了专家判断法和三点估算法，在没有历史数据的情况下，这种方式适用于评定过去与将来，新技术与特定程序之间的差别。由于专家的专业程度对项目的影响在实际工作中是一个难点，德尔菲法可以减轻这种偏差。

（二）类比估算法

一些与历史项目在应用领域、环境和复杂度等方面相似的项目比较适合类比估算法的使用，通过新项目与历史项目的比较得到规模估计。组织建立起较好的电力工程项目后评价与分析机制，获取可信赖的历史数据是用好类比估算法的前提条件之一。类比估算法估计结果的精度取决于历史项目数据的完整性和准确度。

（三）预留时间

不管用什么方法估计出的项目工作完成时间都不是工作的实际完成时间，出于一种谨慎的考虑，可以按照估计出的时间的一定百分比预留一些时间来作为应急情况发生时的一种补充。

四、制定进度计划

制定进度计划就是决定项目活动的开始和完成的日期。电力工程项目控制的目标虽然是保证项目的最终使用时间，但是进度、质量、成本这三大目标之间是对立统一的关系，都是整个项目目标系统中的一个子系统，不可分割对待。

（一）网络计划的基本概念

1. 项目目标约束

项目的目标包括进度、成本、质量三大目标，它们之间有着相互依赖和相互制约的关系。进行进度控制应当在考虑三大目标对立统一的基础上，明确进度控制目标，包括总目标和各阶段、各部分的分目标。

2. 关键路径法

关键路径法是借助网络图和各活动所需时间（估计值），计算每一活动的最早或最迟开始和结束时间。它的关键是计算总时差，这样可决定哪一活动有最小时间弹性。它的核心思想是将 WBS 分解的活动按逻辑关系加以整合，统筹计算出整个项目的工期和关键路径。

3. 计划评审技术

计划评审技术和关键路径法都是安排项目进度、制定项目进度计划最常用的方法。计划评审技术图中，用箭号表示事件，即要完成的任务。箭头旁给出子任务的名称和完成该子任务所需要的时间。用圆圈节点表示事件的起点和终点，如图 3-2 所示。

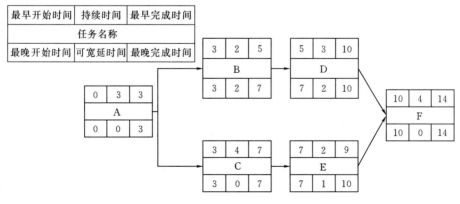

图 3-2 网络计划图

（二）甘特图与时标网络图

甘特图也称为横道图或条形图，把计划和进度安排两种智能结合在一起。用水平线段表示活动的工作阶段，线段的起点和终点分别对应着活动的开始时间和完成时间，线段的长度表示完成活动所需的时间，如图 3-3 所示。

ID	任务名称	开始时间	完成	持续时间
1	任务1	2014/4/2	2014/4/2	1天
2	任务2	2014/4/3	2014/4/8	4天
3	任务3	2014/4/4	2014/4/4	1天
4	任务4	2014/4/7	2014/4/8	2天
5	任务5	2014/4/8	2014/4/10	3天

2014年04月
2 3 4 5 6 7 8 9 10 11 12 13 14 15

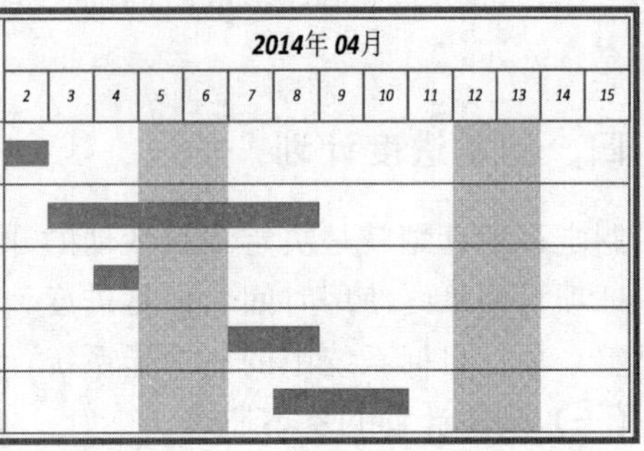

图 3-3 甘特图

时标网状图克服了甘特图的缺点，用带有时标的网状图表示各子任务的进度情况，以反映各子任务在进度上的依赖关系。网络图包括单代号网络图和双代号网络图。以箭线及两端节点的编号表示工作的网络图叫双代号网络图；以节点或节点编号表示工作的网络图叫单代号网络图。

1. 双代号网络图的组成（图 3-4）

内向箭头
外向箭头
i
j
k
工作 J～K 的紧前工作
工作 I～J 的紧后工作

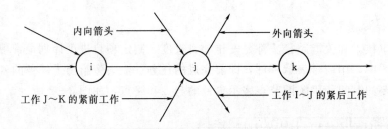

图 3-4 双代号网络图

2. 双代号网络图绘制基本规则

（1）一条箭线加两端的节点只能表示唯一的一项工作。

（2）网络图中不得存在循环回路。

（3）网络图中严禁出现双向箭头和无箭头的连接。

（4）严禁在网络图中出现没有箭尾节点的箭线和没有箭头节点的箭线。

（5）网络图起始节点有多条外向箭线和终点节点有多余内向箭线的画法。

（6）箭线交叉。

（7）一个网络图应只有一个起点节点和一个终点节点。

3. 网络图的绘制（图 3-5）

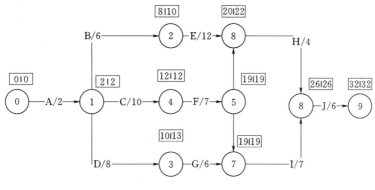

图 3-5 网络图

（三）其他技术

在进度计划制定的过程中，还将用到假设情景分析、资源平衡、关键链、项目管理软件、所采用的日历、超前和滞后、进度模型等工具和技术。

（四）网络计划图技术的应用

【案例场景】

某程序 P 包括 A～H 这 8 个模块，其结构如图 3-6 所示，其中模块 D 与 G 需要调用公共模块 E。

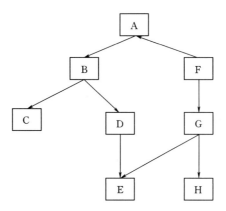

图 3-6 某程序 P 的 8 个模块结构图

现计划采用自顶向下方法执行程序 P 项目，该项目包括多个作业。表 3-1 列出了该项目各作业计划所需的天数、至少必须的天数（即再增大花费也不能缩短的天数）以及每缩短 1 天测试所需增加的费用。

表 3-1　　　　　　　　　　作 业 资 源 表

作业	计划所需天数	至少必须的天数	每缩短 1 天所需增加的费用/元
A	2	1	600
B	5	3	800
C	7	4	2500

作业	计划所需天数	至少必须的天数	每缩短1天所需增加的费用/元
D	4	3	2000
E	4	2	2000
F	3	2	1500
G	5	4	2500
H	4	2	2000
P	5	5	

图3-7是完成该项目计划图，其中，每条箭线表示一个作业，箭线上标注的字母表示作业名，数字表示计划天数。

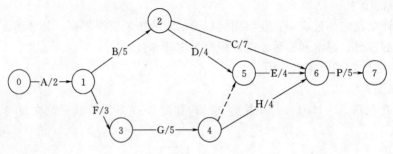

图3-7　项目计划图

问题一：

完成该项目计划需要多少天？

问题二：

（1）如果要求该项目比原计划提前1天完成，至少应增加多少费用？应将哪些作业缩短1天？

（2）如果要求改项目在（1）的基础上再提前1天完成，则至少应再增加多少费用？应再将哪些作业缩短1天？

【案例分析】

问题一：

从节点0到节点7有多条路径，时间总和最长的路径是0-1-2-5-6-7，这就是关键路径，决定了整个项目所需的时间，总共需要的天数为2+5+4+4+5=20（天）。

问题二：

为了提前完成项目，必须在关键路径上缩短某些作业的时间。为了节省成本，应选择增加费用最少的作业，缩短其时间。由于缩短某作业的时间后，可能引起关键路径的变化，所以缩短多天的做法需要一次次逐步仔细考虑。

在计划基础上，为缩短项目1天，就在关键路径上选择最省钱（增加费用最少）的作业缩短1天。在关键路径0-1-2-5-6-7上，有A、B、D、E、P共5个作业，根据题中给出的表，作业 A 的费用率最低，应选择作业 A 缩短其 1 天，增加费用 600 元。这样做，关键路径尚没有变化，但作业 A 已经不能再缩短了。

在此基础上，为再缩短该项目 1 天，由于作业 A 不能再压缩，应从 B、D、E、P 这 4 个作业中选择费用率最低的作业 B，缩短其 1 天，增加费用 800 元。注意，此时以下两条路径都是关键路径：

0－1－2－5－6－7

0－1－3－4－6－7

此时的工期为 1＋4＋4＋4＋5＝18（天）。

五、进度控制

电力工程项目进度控制的目标首先是确保项目按既定工期目标实现。它的第二个目标是在保证项目质量并不因此而增加项目实际成本的条件下，适当缩短项目工期。项目进度控制的主要方法是规划、控制和协调。规划是指确定项目总进度控制目标和分进度控制目标，并编制其进度计划；控制是指在项目实施全过程，进行的检查、比较及调整；协调是指协调参与项目的各有关单位、部门和人员之间的关系，使之有利于项目的进展。

（一）电力工程项目进度控制措施

电力工程项目进度控制措施所采取的措施主要有合同措施、经济措施和组织措施等。

（1）合同措施。施工合同是建设单位与施工单位订立的，用来明确权责关系的法律性协议文件。合同措施是进行进度控制，确保电力工程项目顺利实施的有效措施。合同对进度的控制主要体现在三个方面：合同工期的确定、工程款支付的合同控制和合同工期延期的控制。

（2）经济措施。电力工程项目进度控制的经济措施涉及资金需求计划、资金供应的条件和经济激励措施等。在进度控制过程中要强调工期违约责任，引入奖惩结合的激励机制。

（3）组织措施。组织协调是实现进度控制的有效措施。为了有效控制工程项目的进度，必须建立协调的工作关系，处理好参建各方工作中存在的问题，明确各方的责任、权利和工作考核标准。

（二）比较分析

在电力工程项目进展中，有些工作或活动会按时完成，有些会提前完成，而有些工作或活动则可能会延期完成，所有这些都会对项目的未完成部分产生影响。特别是已完成时间，而且决定着总时差。但必须注意的是，并非所有不按计划完成的情况都会对项目总工期产生不利影响。有些可能会造成工期拖延；有些则可能有利于工期的实现；有些对工期不产生影响。这就需要对实际进展状况进行分析比较，以弄清其对项目可能会产生的影响，以此作为项目进度更新的依据。

香蕉型曲线比较法如图 3-8 所示。

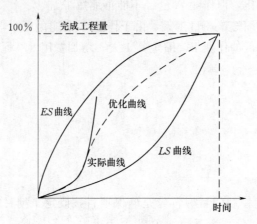

图 3-8　香蕉型曲线比较法

（三）项目进度更新

将实际进度与计划进度进行比较并分析结果，以保持项目工期不变，保证项目质量和所耗费用最少为目标，做出有效对策，进行项目进度更新，这是进行进度控制和进度管理的宗旨。项目进度更新主要包括两方面工作，即分析进度偏差的影响和进行项目进度计划的调整。

六、影响进度的主要因素

为了有效进行进度控制，必须对影响进度的因素进行分析，以便事先采取措施，尽量缩小实际进度与计划进度的偏差，实现项目的主动控制与协调。在项目进行过程中，很多因素影响项目工期目标的实现，这些因素可称为干扰因素。影响项目工期目标实现的干扰因素，可以归纳为人、材料、资金、技术、环境等几个方面。

拓展知识

❖熟悉进度控制软件的使用，如微软 Project 项目管理软件

能力检测

1. 电力工程项目如何进行活动排序？
2. 电力工程项目如何进行进度控制？

任务三　电力工程项目成本管理

【任务描述】

电力工程项目的成本管理要估计为了提交项目可交付成果所进行的所有任务和活动，以及这些任务和活动需要进行的时间和所需要的资源。这些都要消耗组织的资金，只有把所有的这些成本累加，项目经理才能真正了解项目的成本并进行相应的成本控制。

【任务分析】

（1）理解和掌握以下知识点：项目成本管理的原理和术语、项目成本估算、项目成本预算、项目成本控制。

（2）熟悉项目全面成本管理的决策、确定项目的合同价格和成本计划，确定项目管理层的成本目标。

（3）理解全面项目成本管理体系的两个层次：组织管理层和项目经理部。

【任务实施】

一、成本预算

电力工程项目成本预算是进行项目成本控制的基础，是将项目的成本估算分配到项目的各项具体工作上，以确定项目各项工作和活动的成本定额，制定项目成本的控制标准，规定项目意外成本的划分与使用规则。

（一）成本预算概述

电力工程项目成本预算的输入有项目成本估算、WBS、项目进度计划、项目章程、项目管理计划。其使用的工具和技术有成本总计、管理储备、参数模型、支出的合理化原则。其输出有成本基准计划、项目资金需求、更新的项目管理计划。

（二）需要考虑的问题

在进行成本预算时，项目管理人员必须要从多个方面综合进行考虑，例如，直接成本和间接成本问题、是否利用历史数据问题等。

1. 直接成本与间接成本

总的来说，直接费就是和工程的完成直接相关的费用，间接费则是一些其他的必须费用，不是和工程直接相关的费用。

2. 零基准预算

零基准预算是指不考虑过去的预算项目和收支水平，以零为基点编制预算的一种预算制度。零基准预算的基本特征是不受以往预算安排和预算执行情况的影响，一切预算收支都建立在成本效益分析的基础上，根据需要和可能来编制预算。

二、成本控制

电力工程项目成本控制必须和项目进度结合起来才能进行有效的控制。成本控制必须识别可能引起项目成本基准计划发生变动的因素，并对这些因素施加影响，以保证该变化朝着有利的方向发展。监督费用实施情况，发现实际费用和成本计划的偏差，并找出偏差的原因，阻止不正确、不合理和未经批准的费用变更。

（一）成本绩效报告

成本绩效报告是记载项目预算的实际执行情况的资料，它的主要内容包括项目各个阶段或各项工作的成本完成情况、是否超出了预先分配的资源、存在哪些问题等。通常用以下 5 个基本指标来分析项目的成本绩效。它们分别是项目计划作业的预算成本、累积预算成本、累积盈余量、成本绩效指数、成本差异。

（二）净值分析

偏差控制法是在计划成本的基础上，找出计划成本和实际成本之间的偏差，并分析产生偏差的原因和发展趋势，制定需要采取的减少或者消除偏差的方法。

净值分析是一种进度和成本测量技术，可用来估计和确定变更的程度和范围。故而它又常被称为偏差分析法。净值法通过测量和计算已完成的工作的预算费用与已完成工作的实际费用和计划工作的预算费用得到有关计划实施的进度和费用偏差，而达到判断项目预算和进度计划执行情况的目的。因而它的独特之处在于以预算和费用来衡量工程的进度。

1. 基本参数

（1）计划工作量的预算费用（$BCWS$）：指项目实施过程中某阶段计划要求完成的工作量所需的预算工时（或费用）。计算公式为：

$$BCWS = 计划工作量 \times 预算定额$$

$BCWS$ 主要是反映进度计划应当完成的工作量，而不是反映应消耗的工时或费用。$BCWS$ 有时也称为 PV（Planned Value）。

（2）已完成工作量的实际费用（$ACWP$）：项目实施过程中某阶段实际完成的工作量所消耗的工时（或费用）。$ACWP$ 主要反映项目执行的实际消耗指标，有时也简称为 AC。

（3）已完成工作量的预算成本（$BCWP$）：项目实施过程中某阶段实际完成工作量及按预算定额计算出来的工时（或费用），即净值（EV）。$BCWP$ 的计算公式为：

$$BCWP = 已完成工作量 \times 预算定额$$

（4）剩余工作的成本（ETC）：完成项目剩余工作预计还需要花费的成本。ETC 用于预测项目完工所需要花费的成本，其计算公式为：

$$ETC = BCWS - BCWP = PV - EV \text{ 或 } ETC = 剩余工作的 PV \times AC/EV$$

2. 评价指标

（1）进度偏差（SV）：指检查日期 $BCWP$ 与 $BCWS$ 之间的差异。其计算公式为：

$$SV = BCWP - BCWS = EV - PV$$

当 $SV > 0$ 时，表示进度提前；当 $SV < 0$ 时，表示进度延误；当 $SV = 0$ 时，表示实际进度与计划进度一致。

（2）费用偏差（CV）：检查期间 $BCWP$ 与 $ACWP$ 之间的差异，计算公式为：

$$CV = BCWP - ACWP = EV - AC$$

但 $CV<0$ 时，表示执行效果不佳，即实际消耗费用超过预算值即超支；当 $CV>0$ 时，表示实际消耗费用低于预算值，即有节余或效率高；当 $CV=0$ 时，表示实际消耗费用等于预算值。

（3）成本绩效指数（CPI）：预算费用与实际费用值之比（或工时值之比），即

$$CPI=BCWP/ACWP=EV/AC$$

当 $CPI>1$ 时，表示低于预算，即实际费用低于预算费用；当 $CPI<1$ 时，表示超出预算，即实际费用高于预算费用；当 $CPI=1$ 时，表示实际费用等于预算费用。

（4）进度绩效指数（SPI）：项目净值与计划之比，即：

$$SPI=BCWP/BCWS=EV/PV$$

当 $SPI>1$ 是，表示进度提前，即实际进度比计划进度快；当 $SPI<1$ 时，表示进度延误，即实际进度比计划进度慢；当 $SPI=1$ 时，表示实际进度等于计划进度。

3．评价曲线

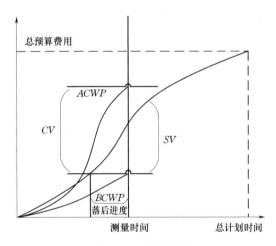

图 3-9　评价曲线

（三）净值分析案例

【案例场景】

一个预算 100 万元的项目，为期 12 周，现在工作进行到第 8 周。已知成本预算是 64 万元，实际成本支出是 68 万元，净值为 54 万元。

问题一：

请计算成本偏差 CV、进度偏差 SV、成本绩效指数 CPI 和进度绩效指数 SPI。

问题二：

根据给定数据，近似画出该项目的预算成本、实际成本和净值图。

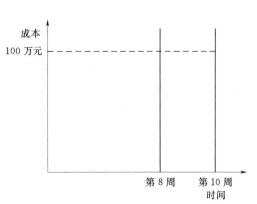

图 3-10　预算成本、实际成本和净值图（1）

【案例分析】

问题一：

要求根据给出的三个净值管理参数 EV、AV 和 PV，计算成本偏差、进度偏差、成本绩效指数和进度绩效指数。需要了解这些参数的含义及其计算公式。

净值法的 4 个评价指标如下：

（1）进度偏差 $SV=EV-PV$。当 SV 为正值时，表示进度提前；当 SV 为负值时，表示进度延期。

（2）费用偏差 $CV=EV-AC$。当 CV 为正值时，表示实际消耗人工（或费用）低于预算值，即有结余或效率高；当 CV 为负值时，表示执行效果不佳，即实际消耗人工（或费用）超过预算，即超支；当 CV 为 0 时，表示实际消耗人工（或费用）等于预算值。

（3）成本绩效指数 $CPI=EV/AC$。当 $CPI>1$ 时，表示低于预算，即实际成本低于净值；当 $CPI<1$ 时，表示超出预算，即实际成本高于净值；当 $CPI=1$ 时，表示实际成本与净值正好吻合。

（4）进度绩效指数 $SPI=EV/PV$。当 $SPI>1$，表示进度提前，即实际进度比计划进度快；当 $SPI<1$ 时，表示进度延误，即实际进度比计划进度慢；当 $SPI=1$ 时，表示实际进度等于计划进度。

问题二：

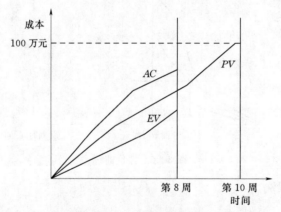

图 3-11 预算成本、实际成本和净值图（2）

（四）成本失控原因分析与项目完成成本再预测

1. 成本失控原因

实践中项目成本失控的原因可能是缺乏计划、目标不明、范围蔓延、缺乏领导力。除此之外还有对工程成本控制的特点认识不足，对难度估计不足，组织不健全或者是方法、技术方面的制约等。

2. 项目完成成本再预测

项目出现成本偏差，意味着原来的成本预算出现了问题，已完成工作的预算成本和实际成本不相符。有 3 种再次进行预算的方法：

（1）认为项目日后的工作将和以前的工作效率相同，未完成的工作的实际成本和未完成工作预算的比例与已完成工作的实际成本和预算的比率相同。

（2）假定未完成的工作的效率和已完成的工作的效率没有什么关系，对未完成的工作，依然使用原来的预算值，那么最终估算成本就是已完成工作的实际成本加上未完成工作的预算成本。

（3）重新对未完成的工作进行预算工作，这需要一定的工作量。当使用这种方法时，实际上市对计划中的成本预算的否定，认为需要进行重新的预算。

（五）赶工成本与工期优化案例

【案例场景】

一个电力工程项目，张工是这个项目的总负责人。张工对工作进行了分解，估算了各项工作的历时，并明确了各项工作的依赖关系。他得出一张双代号网络图，如图 3-12 所示。

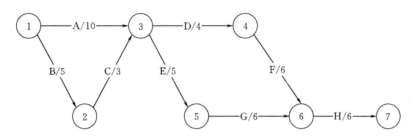

图 3-12 双代号网络图

为了在有限的资金内加快进度，张工认为应该对工期进行优化，计划对 A、B、C 三项工作进行赶工，D、E、F、G、H 工作由于受客观条件的限制，无法赶工。通过项目组的调查分析，得出赶工费用表见表 3-2。

表 3-2　　　　　　　　　　　　　　赶工费用表（1）

工作代号	最初历时/天	经过最大赶工后的历时/天	节省的时间/天	总共增加的赶工费/千元
A	10	6	4	16
B	5	4	1	2
C	3	2	1	2

张工认为，工期优化不一定是使工期压缩到最短，在项目总工期允许的范围内，在赶工费用允许的范围内，适当缩短工期还是可以的。本项目的要求工期是在 26 天范围内完成，提前完成可以提前结项。

项目组提出 4 个工期优化方案可供选择：

（1）工作 A 用 7 天，B 用 5 天，C 用 2 天。

（2）工作 A 用 10 天，B 用 5 天，C 用 2 天。

（3）工作 A 用 6 天，B 用 4 天，C 用 2 天。

（4）工作 A 用 8 天，B 用 5 天，C 用 3 天。

该工程项目间接费用每天 5000 元。

问题一：

该项目的最初工期是多少天？能否满足 26 天的要求工期的需要？

问题二：

什么是工期优化？叙述你对工期优化的理解。

问题三：

如果你是张三，你将选择哪个工期优化方案？叙述你选择方案的理由。

【案例分析】

问题一：

项目的最初工期就是指在工期优化之前的关键路径的历时，通过枚举法对所有路径比较后得知，该项目的关键路径为 1-3-5-6-7，总工期＝10＋5＋6＋6＝27（天）。要求工期是 26 天，小于总工期 27 天，不能满足要求工期的需要。当计算工期（总工期）大于要求工期时，需要对网络图进行优化，或对关键任务进行赶工。

问题二：

工期优化就是压缩计算工期，以达到要求工期的目标，或在一定约束条件下使工期最短的优化过程。要注意对约束条件的理解，在本题中，没有对赶工的总成本进行说明，约束条件只是一个要求工期。工期优化的目的是在符合要求工期的条件下，支付尽可能少的赶工成本，还包括对间接费用的最大节约。

工期优化是指采用某种方法使工程总费用与工程进度达到最佳经济效果。

问题三：

在本案例中，要满足要求工期，就必须对关键路径上的工作进行赶工，按照案例场景中的描述，只有 A、B、C 三项工作可以赶工，其中关键路径为 1-3-5-6-7，只有 A 工作在关键路径上，是赶工的重点。一般认为，当一个工作的历时只有 1 天时，是不能再进行压缩的，这就是它的压缩点，是刚性的。从赶工费用表 3-3 中，计算出各项工作的赶工成本。每天的赶工费＝总共增加的赶工费/节省的时间。

表 3-3　　　　　　　　　　赶 工 时 间 表 （2）

工作代码	最初历时/天	经过最大赶工后的历时/天	节省的时间/天	总共增加的赶工费/千元	每天的赶工费/千元
A	10	6	4	16	4
B	5	4	1	2	2
C	3	2	1	2	2

在方案 1 中，工作 A 用 7 天，B 用 5 天，C 用 2 天。工作 A 压缩的天数＝10－7＝3（天）。压缩工作 A 发生的赶工费用＝3×4＝12（千元）。工作 B 的历时不变，不产生赶工费。工作 C 压缩的天数＝3－2＝1（天）。压缩工作 C 发生的赶工费用＝1×2＝2（千元）。此时，出现 1-3-5-6-7 和 1-2-3-5-6-7 两条关键路径，工作 A、B、C 均在关键路径上，工期为 24 天，缩短了 3 天。增加的赶工费＝12＋0＋2＝14（千元）。节约的间接费＝3×5＝15（千元）。增加的总成本＝增加的赶工费－节约的间接费＝14－15＝－1（千元）。这说明这个方案压缩了 3 天时间，满足了要求工期，节约了 1 千元费用。同样的方法可得方案 2 不满足要求工期，增加了 2 千元费用。方案 3 压缩了 4 天时间，满足了要求工期，费用没有变化。方案 4 压缩了 2 天时间，满足了要求工期，节约了 2 千元费用。

采用方案 4，不仅工程进度可提前 2 天，满足了要求工期，而且可节约总成本 2 千元。方案 4 在所提供的 4 个方案中是最优的。

拓展知识

❖ 查阅工程经济相关资料，了解工程经济概念及应用

能力检测

1. 电力工程项目如何进行成本预算？
2. 电力工程项目如何进行成本控制？

任务四 电力工程项目质量管理

【任务描述】

电力工程是与人民群众生活密切相关的公共基础设施工程，应该严格控制其建设质量。要提高电力工程质量，首先要有一套科学合理的质量管理规范，同时要控制好整个项目过程各个阶段，严格按照规范进行施工，这样才能达到预期的要求。

【任务分析】

（1）熟悉电力工程项目质量计划编制：判断哪些质量标准与本项目相关，并决定应如何达到这些质量标准。

（2）熟悉影响电力工程项目质量的因素：①人的素质；②材料因素；③机械设备因素；④施工方案和设计、测量、计量方法因素；⑤环境因素。

（3）理解和掌握质量控制：从整个电力工程项目的不同阶段阐述项目质量控制的要点。

【任务实施】

一、质量管理理论

从古典的泰勒"靠检验把关"的质量管理思想，到摩托罗拉提出的六西格玛管理方法，都在实践中取得了巨大的成功。现代质量管理追求顾客满意，注重预防而不是检查，并承认管理层对质量的责任。

（一）戴明理论

戴明管理理论分为 14 个要点，其核心思想是"目标不变，持续改善和知识积累"，归纳其基本观点如下：

（1）持续改进。

（2）把质量管理全过程划分为计划、执行、检验、行动。

（3）严格把关。

（4）预防胜于检验。

（二）朱兰理论

在 1951 年首次出版的《质量控制手册》（Quality Control Handbook）后更名为《朱兰质量手册》（Juran's Quality Handbook）一书中，朱兰强调了高层管理行为对连续的产品质量提高的重要性。朱兰理论的核心思想是"适用性"。

（三）六西格玛管理方法

六西格玛管理方法是摩托罗拉基于统计学原理建立的，这是一项以顾客为中心、以数据为基础，以追求几乎完美无瑕为目标的管理理念。其核心是通过一套以统计科学为依据的方法来发现问题、分析原因、改进优化和控制效果，是企业在运营能力方面达到最佳状态。

（四）全面质量管理

全面质量管理是为了能够在最经济的水平上，并考虑到充分满足用户要求的条件下进行市场研究、设计、生产和服务，把企业内各部门研制质量、维持质量和提高质量的活动构成为一体的一种有效体系。

（五）目标管理

目标管理是根据注重结果的思想，先由组织最高管理者提出组织在一定时期的总目标，然后由组织内各部门和员工根据总目标确定各自的分目标，并在获得适当资源配置和授权的前提下积极主动为各自的分目标而奋斗，从而使组织的总目标得以实现的一种管理模式。目标管理模式的实施可分为四个阶段：首先是确定总体目标，再是目标分解，然后是资源配置，最后是检查和反馈。

二、电力工程项目质量计划编制

现代质量管理的一项基本准则"质量是计划出来的，而不是检查出来的"，这是我们在项目质量管理工作必须牢牢把握的。典型的电厂工程项目质量计划包括以下内容：

（1）编制依据。

（2）质量目标和要求。

（3）质量管理组织和职责。

（4）所需的过程、文件和资源。

（5）产品或过程所要求的评审、验证、确认、监视、检验和试验活动以及接收准则。

（6）记录的要求。

（7）所采取的措施。

（8）质量通病的防治措施。

（9）编制、更改和完善质量计划的程序。

三、影响电力工程质量的因素

在明确了电力工程项目的质量标准和质量目标之后，需要根据项目的具体情况，如项目特点、技术细节，严格地实施流程和规范，以此保证项目按照流程和规范达到预先设定的质量标准，并为质量检查、改进和提高提供具体的度量手段，使质量保证和控制有切实可行的依据。电力工程项目是复杂的、庞大的，涉及面广，很多因素都会影响电力工程质量。主要包括：①人的素质；②材料因素；③机械设备；④施工方案和统计、测量、计量方法因素；⑤环境因素。

四、质量控制

电力工程项目质量控制指监视项目的具体结果，确定其是否符合相关的质量标准，并判断如何能够去除造成不合格结果的根源。质量控制应贯穿于项目的始终。

（一）电力工程项目质量控制概述

电力工程项目质量控制通常由机构中的质量控制部门或名称相似的部门实施，但实际上并不是非得由此类部门实施。项目管理层应当具备关于质量控制的必要统计知识，尤其是关于抽样与概率的知识，以便评估质量控制的输出。

（二）电力工程项目质量控制的依据

电力工程项目质量控制的依据可以遵循其施工质量验收评定的依据。国家电网工〔2003〕153号《电力建设工程施工技术管理导则》，"施工质量管理"一节中明确了"质量检查、验收和评定"处理方式。施工质量验收评定的依据是：

（1）国家或行业颁发的规程，规范、标准及本企业标准。后者标准水平不应低于前者。

（2）有效的设计文件、施工图纸及设计变更文件。

（3）制造厂提供的设备图纸和技术说明书中的技术条件和标准。

（4）与有关单位议定或会议决定并经批准的补充规定。

（5）施工合同中规定的标准和要求。国外引进设备的合同中无规定者，经与建设（监理）单位商定后，可参照国内相关标准执行。

（6）经建设单位或监理单位同意的施工技术措施中的标准。

（三）质量控制工具与技术

质量控制的工具和技术有检验、控制图、帕累托图、统计抽样（统计分析）、流程图、趋势分析、直方图、散点图等。

（1）检验。检查表是常用的检验技术，检查表通常由详细的条目组成，用于检查和核对一系列必须采取的步骤是否已经实施的结构化工具，具体内容因应用而不同。检查表是一种有条理的工具，可简单可繁琐，语言表达形式可以是命令式，也可以是询问式。

（2）控制图。用于决定一个过程是否稳定或者可执行，是反映生产程序随时间变化而发生的质量变动的状态图形，是对过程结果在时间坐标上的一种图线表示法。

（3）帕累托图。源于帕累托定律，即著名的 80-20 法则，80% 的问题经常是由于 20% 的原因引起的。帕累托分析是确认造成系统质量问题的诸多因素中最为重要的几个因素的分析方法，一般借助帕累托图来完成分析。

（4）统计抽样。统计抽样是项目质量管理中的一个重要概念。项目团队中主要负责质量控制的成员必须对统计有深刻的理解，其他团队成员仅需理解一些基本概念。这些概念包括统计抽样、可信度因子、标准差和变异性。

（5）流程图。流程图是显示系统中各要素之间相互关系的图表。在质量管理中常用的流程图包括：因果图和系统或程序流程图，如图 3-13 所示。

（6）趋势分析。趋势分析是指运用数学技巧，依据过去的成果预测将来的产品。趋势分析常用来检测一下问题：技术上的绩效、成本和进度绩效。

（7）直方图。又称条形图，由事件发生的频率组织而成，用于显示多少成果产生于已确定的各类原因。它可以是纵向排列也可以横向排列。

（8）散点图。是表示两个变量之间关系的图，又称相关图，用于分析两测量值之间相关关系。

（四）电力工程项目管理过程中的质量控制

在整个项目管理过程中都应该注重质量控制，电力工程项目质量控制在项目的不同阶段有各自的特点。主要有以下几个过程：

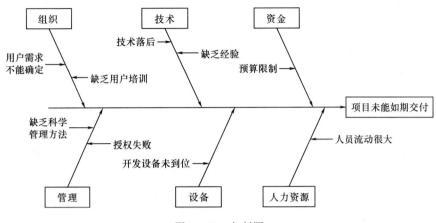

图 3 - 13 鱼刺图

（1）从施工准备阶段控制工程质量。这个阶段的工作要把可能会遇到的问题都考虑在内，早发现，早准备。对不完善的地方早做修改，制定符合实际的合理的施工方案，确保工程顺利进行。施工单位拿到图纸后，就要详细阅读图纸，熟悉设计，领会设计的意图，把一些可能存在的问题出来了，会审解决。

（2）从施工阶段控制工程质量。这个阶段是控制质量最为关键的阶段，是重中之重。施工阶段的质量控制重要体现在施工准备、施工方案、工序检查、分部工程检查、竣工验收、质量回访等方面。同时，要对影响工程质量的 5 个因素进行全方位的控制。

（3）控制工程验收阶段质量。本阶段两个重点内容：一是建立一支专业、责任心强、坚持原则、秉公办事且具有一定施工经验与技术水平的管理人员，持证上岗；二是单位内部要对工程质量进行自检、复检，对检查结果做好记录，发现问题立即解决。

（4）控制工程完工使用后的质量。本阶段主要是维护阶段，施工单位要派专人回访用户，对工程使用过程中的问题要限期整改。特别要防止因工程质量缺陷导出安全事故的发生。

五、电力工程项目质量问题和质量事故的处理

工程建设重大事故报告和调查程序规定（1989 年建设部第 3 号令）和 1990 年建设部建工字第 55 号文件关于第 3 号部令有关问题的说明：凡是工程质量不合格，必须进行返修、加固或报废处理。由此造成直接经济损失低于 5000 元的称为质量问题；直接经济损失在 5000 元（含 5000 元）以上的称为工程质量事故。

（一）工程质量事故的范围及分类

国家电网工〔2003〕153 号《电力建设工程施工技术管理导则》，"施工质量管理"一节中明确了"质量事故处理和质量报告"处理方式。

1. 质量事故的范围

（1）凡在施工（调整试运前）过程中，由于现场存储、装卸运输、施工操作、完工保管等原因造成施工质量与设计规定不符或其偏差超出标准允许范围，需要返工且造成一定的经济损失者；由于上述原因造成永久性缺陷者。

（2）在调整试运过程中，由于（非设备制造、调整试验、运行操作）施工原因造成设备、原材料损坏，且损失达到规定条件者。

2．质量事故的分类

（1）重大质量事故（属于下列情况之一者）：

1）建（构）筑物的主要结构倒塌。

2）超过规范规定的基础不均匀下沉、建（构）筑物倾斜、结构开裂或主体结构强度严重不足。

3）影响结构安全和建（构）筑物使用年限或造成不可挽回的永久性缺陷。

4）严重影响设备及其相应系统的使用功能。

5）一次返工直接经济损失在 10 万元以上（质量事故直接经济损失金额＝人工费＋机械台班费＋材料费＋管理费－可以回收利用的器材残值）。

（2）普通质量事故。未达到重大事故条件，其一次返工直接经济损失在 1 万～10 万元者（含 10 万元）。

（3）记录质量事故。未达到重大及普通质量事故条件的质量事故。

（二）工程质量问题的调查处理

1．质量事故报告

（1）记录事故发生后，施工人员应及时向班组长报告。班组长应在当日报告工地，并进行事故分析。工地质检员要对事故作出记录，定期书面报工程项目质量管理部门。

（2）普通事故发生后，班组长应立即向工地报告；工地应于当日报项目质量管理部门，立即组织调查分析，并于 5 日内写出质量事故报告送项目部质量管理部门。经项目部审定后向公司质量管理部门报告。

（3）重大事故发生后，工地应立即向项目部经理、总工程师和质量管理部门报告。项目部应随即向公司经理、总工程师和质量管理部门报告。性质特别严重的事故，公司及其项目部应在 24 小时内同时报告主管部门、建设单位和监理单位，重大事故发生后，各级领导应采取措施维护补救，防止事故扩大并立即组织调查、分析。分析后 5 日内由项目部质量管理部门写出质量事故报告，经项目部经理和总工程师审批后报公司质量管理质量管理部门、建设单位、监理单位、主管部门和电力建设工程质量监督机构。

（4）分包工程项目发生事故后，分包单位亦应按上述相应程序，及时报告总包单位或发包工程项目部质量管理部门。

2．事故调查分析与处理

（1）调查分析工作应做到“三不放过”，即事故原因不清不放过；事故责任者和职工没有受到教育不放过；没有总结经验教训和没有采取防范措施不放过。

（2）对违反规程不听劝阻、不遵守劳动纪律、不负责任而造成质量事故者，对隐瞒事故不报者均应严肃处理。

（3）各级质量管理部门均要建立质量事故台账，并予保存。

（4）重大质量事故处理方案及实施结果记录应由工程项目部技术和质量管理部门分别

保存以备存档和竣工移交。

3. 质量缺陷处理方案审批和实施

（1）普通及重大质量事故由事故责任单位提出处理方案，报项目部施工技术部门和质量管理部门。

（2）普通质量事故处理方案由项目部施工技术管理部门会同质量管理部门审核后，报项目部总工程师审批后，由事故责任单位实施。

（3）重大质量事故处理方案由公司总工程师主持，施工技术部门和质量管理部门会同设计单位、监理单位、建设单位和电力建设工程质量监督站共同审定，经公司总工程师批准后由事故责任单位实施。

（4）需设计单位验算或变更设计的施工项目，由项目部施工技术部门提请建设单位交设计单位协助进行。

4. 质量总结和质量报表

质量总结、质量报表和质量趋势报告内容：

（1）质量总结按单位工程、年（季）度（火电、变电工程）和工序（送电工程）报送。其内容一般包括施工质量总体情况、主要设备或主要单位工程关键性质量指标的实现数据、质量通病分析、质量事故情况分析和本年（季）度成本、年度质量评级情况、提高质量的主要措施及今后的工作安排。

（2）各级质量管理部门或质量管理人员每月（送电工程按工序）对所分管施工项目的工程质量情况提出质量趋势报告，供各级技术负责人作为决策依据。

（3）"工程质量情况报表"由项目部质量管理部门按单位工程（送电工程按工序）统计，按季报送，并附质量总结报送公司、建设单位和监理单位。

（4）质量总结和质量报表一般采用分级编写、逐级审核上报的方式。

5. 质量回访

质量回访是施工单位听取相关单位对施工质量的意见和建议改进和提高施工质量的一条途径。公司或项目部负责组织质量回访工作。回访可分两种类型：

（1）阶段性质量回访。根据项目工程进展情况，组织中间回访。回访对象主要是建设单位和监理单位。

（2）工程移交后回访。一般在工程正式投入生产后 6～12 个月期间内进行。回访对象主要是建设单位和生产单位。回访后对收集的意见进行分类整理，认真整改、填表造册、建档保存。对移交后无法处理的问题，应在今后工作中改进。

（三）项目质量管理的案例分析

【案例场景】

某电力工程在厂房结构钢筋混凝土屋架的施工中，由于模板支承系统失稳，造成正在施工的屋架倒塌，直接经济损失达到 30 万元。

问题：

（1）该质量事故属于什么性质的质量事故，理由是什么？

（2）试简述质量事故处理的基本要求。

（3）试简述质量事故调查分析报告的基本内容。

【案例分析】

（1）该质量事故属于重大质量事故，原因是该起事故是厂房工程的主体结构倒塌，而且经济损失超过 10 万元，达到 30 万元。

（2）质量事故处理的基本要求包括以下几点：

1）处理应达到安全可靠，不留隐患，满足生产和使用要求，经济合理的目的。

2）重视消除事故的原因。

3）注意综合治理。

4）正确确定处理范围。

5）正确选择时间和方法。

6）加强事故处理的检查验收工作。

7）认真负责复查事故的实际情况。

8）确保事故处理期的安全。

（3）质量事故调查分析报告的基本内容包括以下几方面。

1）事故情况：出现事故的时间、地点；事故的观测记录及发展变化情况；事故是否已经稳定等。

2）事故的性质。

3）事故的原因。

4）事故的评价。

5）事故涉及人员及主要责任者的情况。

拓展知识

❖熟悉 ISO 质量管理体系中相关内容

❖查阅相关质量事故案例，熟悉处理过程

能力检测

1. 电力工程项目如何进行项目质量编制？

2. 电力工程项目如何进行质量控制？

任务五　电力建设工程合同管理

【任务描述】

先了解建设工程合同管理概述，合同管理法律基础，合同法律制度；接着以委托监理合同和工程施工合同为案例，进行案例分析。

【任务分析】

（1）理解合同管理是工程项目管理的核心，对工程项目的质量、安全、投资、进度起着总控制、总支配作用。

（2）掌握如何管理合同，如何依据合同对工程质量、投资、进度、安全实施有效的控制，是本部分的主要任务。要求学生熟悉相关的法律知识和合同内容，掌握合同管理手段。

（3）掌握以《委托监理合同》和《工程施工合同》为蓝本，重点讲解建设工程合同管理概述、建设工程合同管理法律基础、合同法律制度以及合同示范文本主要条款等内容。

【任务实施】

一、建设工程合同管理概述

（一）建设工程合同

（1）建设工程合同是承包人进行工程建设、发包人支付价款的合同。进行工程建设的行为包括勘察、设计、施工、监理等。

建设工程合同是诺成合同、双务合同、有偿合同、要式合同。

（2）建设工程合同种类。

建设工程合同按建设行为可分 9 种：

1）勘察设计合同。

2）工程施工合同。

3）咨询（监理）合同。

4）供应合同。

5）加工合同。

6）借款合同。

7）劳务合同。

8）保险合同。

9）运输合同。

建设工程合同按承包范围可分 3 种：

1）总承包合同。

2）承包合同。

3）分包合同。

（3）建设工程合同的形式。《合同法》要求建设工程合同应当采用书面形式。

（4）建设工程合同的示范文本。1999年建设部与国家工商行政管理局联合颁发：

1）《建设工程施工合同（示范文本）》。

2）《建设工程勘察合同（示范文本）》。

3）《建设工程设计合同（示范文本）》。

4）《建设工程委托监理合同（示范文本）》。

（二）建设工程合同管理

（1）建设工程合同管理是指各级工商行政管理机关、建设主管部门、金融机构以及工程项目业主、承包方和监理单位，依据法律、法规、规章制度，采取法律的、行政的和经济的手段对建设工程合同进行组织、协调、监督其履行，保护合同当事人的合法权益，处理合同执行过程中发生的纠纷，防止和制裁违法合同行为，保证合同贯彻实施等一系列活动。

（2）建设工程合同管理层次。

（3）建设工程合同管理依据。监理工程师对建设工程合同进行管理的主要依据：

1）委托监理合同。

2）我国工程建设的法律、法规和技术标准、规定等。

（4）建设工程合同管理任务。监理工程师应依据有关法律、法规、技术标准和合同条款，实现项目工程质量、进度、投资和安全管理目标。

建设工程合同管理主要分为签约前和签约后两个阶段的合同管理。

1）签约前合同管理的主要任务：

a）搞好工程项目的可行性研究和设计。工程项目可行性研究及设计成果达到应有的深度，才能在施工阶段有效控制工程变更，减少工程变更给投资、质量、安全、进度以及合同履行带来的不利影响。

b）编制一个有利的招标文件。协助业主确定本工程项目的合同结构（合同的框架、主要部分和条款构成），并起草合同。

c）选择满意的承包商签订合同。

协助业主进行承包商资格预审、评标及签约前谈判。

2）签约后合同管理的主要任务：

a）研究项目合同及国家法律、法规。

b）履行项目合同规定的义务。

c）合同的管理和检查。在建设项目实施阶段，对各种合同履行情况的监督、检查管理。

d）协调合同纠纷，处理索赔和反索赔。协助业主秉公处理建设工程各阶段中发生的索赔；参与协商、调解、仲裁乃至法院解决合同的纠纷。

e）其他。合同签订和合同涉及第三方等关系的处理，除以上内容以外合同的所有事项。

（5）合同管理的四种基本方法。

1）合同分析。合同分析，就是对合同的有效性、合同条款的风险和双方责、权、利进行分析，并将分析结果分解到各个部门，以便在工程实施中进行各方面的控制，处理合同纠纷、索赔等问题。包括三方面分析，具体如下。

a）合同有效性分析。主要判断以下几个方面：

①合同主体是否合格；②合同形式是否符合国家规定；③合同内容是否合法；④委托代签合同是否符合法律规定。

b）合同条款风险分析。主要从合同双方承担合同风险内容入手，即对工程项目承担的投资、工期、质量方面的责任解释，对延期说明、费用说明、质量标准说明、补偿说明、合同变动等条款进行分析，找出可能发生风险隐藏的因素。

c）合同双方的责、权、利在合同条款中的明确性分析。是否存在隐含转嫁风险的条款，采取防止措施，避免在合同履行过程中发生。

2）合同文档管理。在合同管理中，监理工程师对合同条款以及合同履行过程中涉及合同变更等各种报告、数据资料进行分类整理，统一传递，归档保存，以便监理工程师快捷地查询和掌握合同及其变化情况。

合同文档管理基本内容：

a）建立科学编码系统，应便于操作和查询。

b）合同资料的查询和处理，应能迅速地进入文档系统内。

c）建立多途径的索引系统，方便查询和调用。

3）合同的跟踪管理。在合同履行过程中，监督检查合同双方是否按合同要求履行，履行中所产生的成果是否符合合同条款的规定；监督合同双方严格按合同履行；当遇到无法预见的干扰时，按合同条款规定及时进行处理。

4）索赔管理。索赔管理包括索赔和反索赔两个方面的内容。

以实际发生的事件为依据，以合同条款规定为原则，进行实事求是的分析，从中找出索赔的理由和依据。

（三）建设工程合同管理协调

1. 协调的原则

（1）严格按科学的施工建设程序办事。

（2）抓好总包单位和分包单位的自身管理程序。

（3）按科学的施工建设程序组织好各方协力合作。

协调的关键是抓程序。

2. 协调的依据

（1）监理人依据法律、行政法规的规定开展监理工作。对承包单位实施监督，对业主违反法律、法规的要求，应当予以拒绝。

（2）监理人依据合同开展监理工作。监督当事人全面履行合同，不得擅自变更或解除合同。

（3）监理人依据业主授权开展工作。业主授权包括：

1）工程规模、设计标准和使用功能的建议权、协调权。

2）材料和施工质量的确认权与否决权。

3）施工进度和工期上的确认权与否决权。

4）工程合同内工程款支付与工程结算的确认权与否决权。

（4）监理人依据国家批准的工程建设文件以及工程建设方面的现行规范、标准、规程等开展监理工作。

3. 协调的形式

监理工程师的意见和决定，应以监理通知书的形式书面送达承包单位，承包单位无权拒绝或修改，必须按通知要求执行。

监理工程师开展组织协调活动也是执法的过程。

4. 辅助协调的控制手段

监理工程师可充分运用各种指令，实现协调效果，如返工整改、停工整顿、不予计量支付、撤换施工队伍或主要负责人等。

5. 合同管理协调的主要内容

解决经济争议或纠纷。如施工场地、地面运输相互干扰、环境污染、占用永久建筑、产品质量评定标准、建设工程合同、施工衔接交叉作业等纠纷。

二、建设工程合同管理法律基础

（一）工程建设的行为主体

工程建设的行为主体包括：

（1）业主（建设单位）。

（2）勘察设计单位、材料设备供应单位、施工单位、咨询（监理）单位、金融保险机构等。

（3）政府建设管理机构。

（二）工程建设的合同主体

建设单位、勘察设计单位、材料设备供应单位、施工单位、咨询（监理）单位、金融保险机构等各方主体都要依靠合同确立相互之间的关系，并为工程项目目标的实现而共同努力。

工程项目的建设过程实质就是一系列经济合同的签订和履行过程。

（三）建设工程合同相关法律体系

（1）《中华人民共和国民法通则》。

（2）《中华人民共和国合同法》。

（3）《中华人民共和国招标投标法》。

（4）《中华人民共和国建筑法》。

（5）《中华人民共和国担保法》。

（6）《中华人民共和国保险法》。

（7）《中华人民共和国劳动法》。

（8）《中华人民共和国仲裁法》。

（9）《中华人民共和国民事诉讼法》。

（四）合同法律关系

（1）法律关系是一定的社会关系在相应的法律规范的调整下形成的权利义务关系。其实质是法律关系主体之间存在的特定的权利和义务关系。合同法律关系是一种重要的法律关系。

（2）合同法律关系是指有合同法律规范所调整的、在民事流转过程中所产生的权利义务关系。

（3）合同法律关系的三要素：

1）合同法律关系主体。

2）合同法律关系客体。

3）合同法律关系内容。

（五）合同担保

1. 担保的含义

担保是指当事人根据法律规定或者双方约定，为促使债务人履行债务实现债权人的权利的法律制度。

（1）担保涉及的主体：债权人、债务人（被担保人）、担保人。

（2）担保涉及的两个合同：主合同（债权债务合同）、从合同（担保合同）。

（3）担保的方式：保证、抵押、质押、留置、定金。

2. 保证的含义

保证是指保证人和债权人约定，当债务人不履行债务时，保证人按照约定履行债务或者承担责任的行为。

保证方式：有一般保证和连带责任保证两种。保证方式需要在合同中明确。

注意：在具体合同中，保证方式由当事人约定，若未约定或约定不明确，则按连带责任保证承担保证责任。

3. 保证在建设工程中的应用

（1）施工投标保证。施工项目的投标担保应当在投标时提供。

担保方式可以由投标人提供一定数额的保证金；也可以提供第三人的信用担保（保证），一般是由银行或者担保公司向招标人出具投标保函或者投标保证书。

出现下列情况时，可以没收投标保证金或要求承保的银行或者担保公司支付投标保证金：

1）投标人在投标有效期内撤销投标书。

2）投标人在业主已正式通知中标后，在投标有效期内未签订合同或递交履约保函。

投标保证的有效期一般是从投标截止日起到确定中标人为止。投标保函或者保证书在评标结束之后应退还给投标人。其中：

1）未中标投标人可向招标人索回投标保函或者保证书。

2）中标的投标人在签订合同时，向业主提交履约担保，招标人可退回投标保函或者保证书。

（2）施工合同的履约保证。

1）承包人的履约担保。承包人向发包人提供履约担保，按合同约定履行自己的各项义务。承包人的履约担保方式可以是提交一定数额的保证金；也可以提供第三人的信用担保（保证），一般是由银行或者担保公司向发包人出具履约保函或者保证书。保证金额一般为合同总额的 $5\%\sim10\%$。

若发生下列情况，发包人有权凭履约保函向银行或者担保公司索取保证金作为赔偿：

a）施工过程中，承包人中途毁约，或任意中断工程，或不按规定施工。

b）承包人破产，倒闭。

履约保证的有效期从提交履约保证起，到项目竣工并验收合格止。

2）发包人的履约担保。发包人向承包人提供履约担保，按合同约定支付工程价款及履行合同约定的其他义务。需注意以下两点：

a）履约担保不是合同有效的必要条件，应按照合同具体约定执行。

b）如约定有履约担保，则需要在专用条款内明确说明担保种类、担保方式、有效期、担保金额以及担保书的格式。

（3）施工预付款保证。预付款担保，是由承包人提交的、为保证返还预付款的担保。预付款担保都是由银行出具保函的方式提供。预付款保证的有效期从预付款支付之日起至发包人向承包人全部收回预付款之日止。担保金额应当与预付款金额相同，随着每次结算工程款分次返还时，担保金额也应当随之减少。

（六）工程保险

工程保险是转移工程风险的重要手段。

我国对工程保险没有强制性的制度，如合同约定有保险，在专用条款中应设定投保的险种、保险的内容、办理保险的责任以及保险金额。

（1）《建设工程施工合同（示范文本）》规定，工程开工前，发包人应当为建设工程办理保险，支付保险费用。

采用《建设工程施工合同（示范文本）》应当由发包人投保建设工程一切险。

（2）建设工程涉及的主要险种。

1）建筑工程一切险（及第三者责任险）。

2）安装工程一切险（及第三者责任险）。

（3）常见的保险义务分担：

1）工程开工前，发包人应当为建设工程和施工场地内发包人及第三者人员生命财产办理保险，支付保险费用。

若将上述保险事宜委托承包人办理，但费用由发包人承担。

2）承包人必须为从事危险作业的职工办理意外伤害保险，并为施工场地内自有人员生命财产和施工机械设备办理保险，支付保险费用。

3）运至施工场地内用于工程的材料和待安装设备，不论由承发包双方任何一方保管，都应由发包方（或委托承运人）办理保险，并支付保险费用。

（4）保险索赔：

1）工程投保人在进行保险索赔时，必须提供必要的、有效的证明作为索赔的依据。

2）投保人应当及时提出保险索赔。

3）要计算损失大小。

（七）合同的公证与鉴证

1. 合同公证

合同公证是指国家公证机关根据当事人双方的申请，依法对合同的真实性与合法性进行审查并予以确认的一种法律制度。

2. 合同鉴证

合同鉴证是指合同管理机关根据当事人双方的申请，对其所签订的合同进行审查，以证明其真实性和合法性，并督促当事人双方认真履行的法律制度。

我国合同公证与合同鉴证均实行自愿原则。

3. 合同公证与鉴证的区别

（1）合同公证与鉴证的性质不同。

行政管理行为与司法行政行为。

（2）合同公证与鉴证的效力不同。

公证文书具有强制执行的效力。

（3）法律效力的适用范围不同。

公证在国内外都具有法律效力。

三、合同法律制度

《中华人民共和国合同法》（以下简称《合同法》）于 1999 年 10 月 1 日起实施。

《合同法》是调整平等主体的自然人、法人、其他组织之间在设立、变更、终止合同时所发生的社会关系的法律规范总称。

《合同法》由总则、分则和附则三部分组成。总则包括 8 章：一般规定、合同的订立、合同效力、合同的履行、合同的变更与转让、合同的权利义务终止、违约责任、其他规定。

结合监理工作需要，学习《合同法》的有关内容。

（一）合同的内容

（1）当事人的名称或者住所。

（2）标的。

（3）数量。

（4）质量。

（5）价款或者报酬。

（6）履行的期限、地点和方式。

（7）违约责任。

（8）解决争议的方法。

（二）要约与承诺

当事人订立合同，采用要约、承诺方式。

建设工程合同的订立，必须经过要约和承诺两个阶段。

（1）招标行为是要约邀请。

（2）投标行为是要约。

（3）招标人发出的中标通知书则是合同的承诺。

（三）合同的成立

当事人采用合同书形式订立合同的，自双方当事人签字或者盖章时合同成立。

双方签字或者盖章的地点为合同成立地点。

注意：在施工合同履行中，由合法授权的一方代表签字确认的内容也可以作为合同的内容。

（四）合同的生效

合同生效是指合同对双方当事人的法律约束力的开始。合同成立后，必须具备相应的法律条件才能生效，否则无效。

1. 合同生效应具备的条件

（1）当事人应具有相应的民事权利能力和民事行为能力。

例如：在建设工程合同中，合同当事人一般应具有法人资格，并且承包人还应具备相应的资质等级。否则，当事人就不具有相应的民事权利能力和民事行为能力，订立的建设工程合同无效。

（2）意思表示真实。合同是当事人意思表示一致的结果，因此当事人的意思表示必须真实。

例如：建设工程合同的订立，一方采用欺诈、胁迫的手段订立的合同，就是意思表示不真实的合同，这样的合同就欠缺生效的条件。

（3）不违反法律或者社会公共利益。所谓不违反法律或者社会公共利益是这对合同的目的和内容而言，实际是对合同自由的一种限制。

2. 合同的生效时间

一般来说，依法成立的合同，自成立时生效。

（1）口头合同自要约人承诺时生效。

（2）书面合同自合同当事人双方签字或者盖章时生效。

（3）法律规定应当采用书面形式的合同，当事人虽然为采用书面形式但已经履行了全部或主要义务的，可以视为合同有效。

（4）合同中有违反法律会社会公共利益的条款，当事人取消或改正后，不影响合同其他条款的效力。

（5）法律、行政法规规定应办理批准、登记手续生效的，依照其规定。

3. 合同效力与仲裁条款

合同成立后，合同中的仲裁条款是独立存在的，合同的无效、变更、解除、终止，不影响仲裁协议的效力。

例如：如果双方当事人在施工合同条款中约定通过仲裁解决争议。若因一方的违约行为，另一方按约定的程序终止合同而发生了争议，仍然应由双方选定的仲裁委员会裁定施工合同是否有效，以及对争议的处理。

（五）无效合同

无效合同是指当事人违反了法律规定的条件而订立的，国家不承认其效力，不给予法律保护的合同。

无效合同从订立之日起就没有法律效力，不论合同履行到什么阶段，合同被确认无效后，这种无效的确认要溯及到合同订立时。

1. 合同无效的情形

（1）一方以欺诈、胁迫的手段订立，损害国家利益的合同。

例如：施工企业伪造资质证书与发包人签订施工合同；材料供应商以败坏施工企业名誉为要挟，迫使施工企业与其订立材料买卖合同。以欺诈、胁迫的手段订立合同，如果损害国家利益，则合同无效。

（2）恶意串通，损害国家、集体或第三人利益的合同。

例如：在建设工程招投标过程中，投标人串通投标人或者招标人与投标人串通，损害国家、集体或第三人利益，招标人通过这种方式订立的合同是无效的合同。

（3）以合同形式掩盖非法目的的合同。

例如：企业之间为了达到借款的非法目的，以合法的形式作掩护而订立的合同也是无效的合同。

（4）损害社会公共利益的合同。

例如：施工合同的履行过程中，规定以债务人的人身作为担保的约定。这样的合同违反了公共秩序和善良风俗，损害了社会公共利益，属于无效合同。

（5）违反法律、行政法规的强制性规定的合同。

例如：建设工程的质量标准是强制性的标准，如果建设工程合同中约定的质量标准低于国家标准，则该合同无效。

2. 无效合同的免责条款

合同免责条款是指当事人约定免除或者限制其未来责任的合同条款。

合同中无效的免责条款：

（1）造成对方人身伤害的。

（2）因故意各种重大过失造成对方财产损失的。

3. 无效合同的确认

无效合同的确认权归人民法院或者仲裁机构。

4. 无效合同的法律后果

合同被确认无效后，履行中的合同应当终止履行，尚未履行的不得继续履行。对因履行无效合同而产生的财产后果应当依法进行处理，具体包括：

（1）返还财产（建设工程合同一般采用作价补偿的方法）。

（2）赔偿损失。

（3）追缴财产，收归国有。

（六）合同的履行

（1）合同履行是指合同各方当事人按照合同的规定，全面履行各自义务，实现各自权利，使各方的目的得以实现的行为。

（2）合同履行的原则。

1）全面履行的原则。

2）诚实信用原则。

（七）合同的变更

合同变更是指当事人对已经发生法律效力，但尚未履行或者尚未完全履行的合同，进行修改或补充所达成的协议。

注意：合同变更是针对有效合同，协商一致是合同变更的必要条件。

（八）合同的终止

合同权利义务的终止也称合同终止，是指当事人之间根据合同确定的权利义务在客观上不复存在，据此合同不再对双方具有约束力。

1. 合同中止与合同终止的区别

（1）合同中止是在法定的特殊情况下，当事人暂时停止履行合同，当这种特殊情况消失以后，当事人仍然承担继续履行的义务。

（2）合同终止是合同关系消灭，不可能恢复。

2.《合同法》关于合同终止的规定

（1）债务已经按照约定履行。

（2）合同解除。

（3）债务相互抵消。

（4）债务人依法将标的物提存。

（5）债权人免除责任。

（6）债权债务同归于一人。

（7）法律规定或者当事人约定终止的其他情形。

（九）合同的解除

（1）合同解除是指对已经发生法律效力，但尚未履行或者尚未完全履行的合同，因当事人一方的意思表示或者双方的协议而使债权债务关系提前归于消灭的行为。

（2）合同解除分为约定解除和法定解除。

1）约定解除。约定解除是当事人通过形式约定的解除权或者双方协商决定而进行的合同解除。

当事人协商一致可以解除合同，即合同的协商解除。

当事人也可以约定一方解除合同的条件，解除合同条件成立，解除权人可以解除合同，即合同约定解除权的解除。

2）法定解除。法定解除是解除条件直接由法律规定的解除。当法律规定的解除条件具备时，当事人可以解除合同。

当有下列情形之一的，当事人可以解除合同：

a）因不可抗力致使不能实现合同目的的。

b）在履行期限届满之前，当事人一方明确表示或者以自己的行为表明不履行主要债务。

c）当事人一方延迟履行债务，经催告后在合理的期限内仍未履行。

d）当事人一方延迟履行债务，或者有其他违约行为，致使不能实现合同目的的。

e）法律规定的其他情形。

（3）合同解除的法律后果。

1）合同解除的程序。当事人一方按照法定解除的规定主张解除合同的，约定通知对方。合同自通知到对方时解除。

对方有异议的，可以请求人民法院或者仲裁机构确认解除合同的效力。

法律、行政法规规定解除合同约定办理批准、登记等手续的，则约定在办理完相应手续后解除。

2）合同解除的法律后果。合同解除后，尚未履行的，终止履行。

依据履行的，根据履行情况和合同性质，当事人可以要求恢复现状，采取其他补救措施，并有权要求赔偿损失。

合同的权利义务终止，不影响合同中结算和清理条款的效力。

（十）违约责任

（1）违约责任是指当事人任何一方不履行合同义务或者履行合同义务不符合约定而承担的法律责任。

（2）违约行为的表现形式包括不履行和不适当履行。

（3）承担违约责任的条件。

《合同法》规定，承担违约责任的条件采用严格责任原则，只要当事人有违约行为，即当事人不履行合同或者履行合同不符合约定条件，就承担违约责任。

严格责任还包括，当事人一方因第三人的原因造成违约时，应当向对方承担违约责任。

承担违约责任后，与第三人之间的纠纷再按法律或当事人与第三人之间的约定解决。

例如：施工过程中，承包人因发包人委托设计单位提供的图纸错误而导致损失后，发包人应首先给承包人一相应损失的补偿，然后再依据设计合同追究设计单位的违约责任。

（4）承当违约责任的原则。《合同法》规定的承担违约责任是以补偿性为原则。但在有些情况下，也具有惩罚性。例如：

1）合同约定了违约金，违约行为没有造成损失或者损失小于约定的违约金。

2）合同约定了定金，违约行为没有造成损失或者损失小于约定的定金。

（5）承担违约责任的方式。承担违约责任的方式有以下几种：

1）继续履行。

2）采取补救措施。

3）赔偿损失。

4）支付违约金。

5）定金罚则。

要注意以下几个方面：

1）承担赔偿金或者违约金不能免除当事人履约的责任。如施工合同中约定了延期竣工违约金，承包人没有按照约定期限完成施工任务，承包人约定支付延期竣工的违约金，但发包人仍然有权要求承包人继续施工。

2）违约金和赔偿损失不能同时并用。

3）违约金和定金，两种违约责任不能合并使用。

（6）因不可抗力无法履约的责任承担。因不可抗力不能履行合同的，根据不可抗力的影响，部分或全部免除责任。

当事人延迟履行后发生不可抗力，不能免除责任。

当事人因不可抗力不能履行合同的，应当及时通知对方，以减轻给对方造成的损失，并在合理的期限内提供证明。

（十一）合同争议的解决

合同争议也成合同纠纷，是指合同当事人对合同规定的权利和义务产生了不同的理解。

合同争议的解决方式有 4 种：

（1）和解。

（2）调解。

（3）仲裁。

（4）诉讼。

四、委托监理合同管理

（一）委托监理合同概述

结合委托监理合同范本，介绍标准合同条件及专用条件的有关条款：监理业务；监理工作；合同履行期限；合同的生效；合同有效期；双方权利与义务；监理酬金及支付方式；合同变更与终止；违约责任。

建设工程委托监理合同简称监理合同，是指委托人与监理人就委托的工程项目管理内容签订的明确双方权利、义务的协议。

监理合同是委托合同的一种，具有以下三个特征：

（1）监理合同的当事人应当具有民事权力能力和民事行为能力、取得法人资格的企事业单位、其他社会组织、个人在法律允许的范围内也可以成为合同的当事人。

对监理合同当事人的要求有两点：

1）委托人必须是国家批准的建设项目，落实投资计划的企事业单位、其他社会组织及个人。

2）受托人必须是依法成立的具有法人资格的监理企业，并且所承担的工程监理业务应与企业资质等级和业务范围相符合。

（2）监理合同委托的工作内容必须符合工程项目建设程序，遵守有关法律、行政法规。

（3）委托监理合同的标的是服务，即监理工程师凭据自己的知识、经验、技能，受业主委托为其所签订的其他合同的履行实施监督和管理。

1. 文本规范

（1）2000 年建设部和国家工商行政管理局联合颁布的《建设工程委托监理合同（示范文本）》（GF-2000-0202）。委托监理合同范本包括三个部分：

1）建设工程委托监理合同。

2）建设工程委托监理合同标准条件。

3）建设工程委托监理合同专用条件。

（2）2010 年国家电网公司颁布的《电力建设工程施工监理合同》。施工监理合同包括三个部分：

1）合同协议书。

2）通用条款。

3）专用条款。

（3）大型火力发电厂建设工程的委托监理合同有的采用发电集团公司的示范文本，有的仍采用国家电力公司颁布的《火力发电工程监理招标程序及招标文件范本》。

1）委托工作的范围。监理合同的范围是监理工程师为委托人提供服务的范围和工作量。

注意：在合同专用条件中明确约定业主委托的监理业务范围和工作量。

2）委托工作的要求。在监理合同中明确约定监理人执行监理工作的要求。

注意：委托工作要求应当符合《建设工程监理规范》（GB/T 50319—2013）的规定。

监理人应完成的监理工作，包括：①监理正常工作；②附加工作。附加工作是指与完成正常工作相关，在委托正常监理工作范围以外监理人应完成的工作。可能包括：

a）由于委托人、第三方的原因，使监理工作受到阻碍或延误，以致增加了工作量或延续时间。

b）增加监理工作范围和内容等。

3）额外工作。额外工作是指正常工作和附加工作以外的工作，即非监理人的原因而暂停或终止监理业务，其善后工作及恢复监理业务前不超过 42 日的准备工作时间。

订立监理合同时约定的履行期限：指合同中规定的当事人履行自己的义务完成工作的时间。

开始和完成：专用条件中订明的监理准备工作开始和完成时间。

注意：在签订合同时必须注明监理工作开始实施和完成的日期。

a）合同注明的监理期限是根据工程情况而估算的时间。

b）如果委托人需要增加委托工作范围或内容，导致合同期限延长，双方可协商另签补充协议，延长监理期限。

c）监理合同有效期是指自合同生效时起至合同完成之间的时间。

d）《委托监理合同示范文本》标准条款中规定：监理合同的有效期为双方签订合同后，工程准备工作开始，到监理人向委托人办理完竣工验收或工程移交手续，承包人和委托人已签订工程保修责任书，监理收到监理酬金尾款，监理合同才终止。

注意：

（1）双方签订的委托监理合同中，注明开始和完成时间，此期限仅指完成正常监理工作预定的时间，并不一定是监理合同的有效期。

（2）监理合同的有效期即监理人的责任期，不是用约定的日历天数为准，而是以监理人是否完成了包括附加和额外工作的义务来判断。

（3）如果保修期间仍需要监理人执行相应的监理工作，双方应在专用条款中另行约定。

2. 监理合同双方的权利

（1）委托人的权利。

1）授予监理人权限的权利。

a）在监理合同内明确规定监理人的权限。

b）委托人可根据建设工程特点及需要，结合自身管理能力，考虑授权大小。

c）授予监理人的权限可在执行过程中通过书面附加协议予以扩大或减小。

注意：监理人如何把握和使用授权。

d）监理人在委托人授权范围内对其他合同进行监督管理。

e）授权范围内，监理人可对所监理的合同自主地采取各种措施进行监督、管理和协调。

f）超越权限时，应先征得委托人同意后方可发布有关指令。

2）对其他合同承包人的选定权。

a）委托人对设计、施工、加工制造合同等的承包单位有选定权和订立合同的签字权。

注意：监理人如何准确把握权限。

b）监理人在选定其他合同承包人的过程中，仅有建议权而无决定权。

c）监理人协助委托人选择承包人的工作可能包括：邀请招标时提供有资格和能力的承包人名录；编制起草招标文件；组织现场考察；参与评标；接受委托代理招标等。

d）监理人对设计和施工等总包单位所选定的分包单位，拥有批准权或否定权。

3）委托监理工程重大事项的决定权。委托人有对工程规模、规划设计、生产工艺设计、设计标准和使用功能等要求的认定权；工程设计变更审批权。

4）对监理人履行合同的监督控制权。

a）对监理合同转让和分包的监督。

b）对监理人员的监督。

c）对合同履行的监督权。

（2）监理人的权利。监理合同中涉及监理人的权利分为两大类：

1）委托监理合同中授予监理人的权利。

a）完成监理任务后获得酬金的权利。

b）终止合同的权利。

2）监理人执行监理业务可以行使的权利。

a）建设工程的工程规模、设计标准、规划设计、生产工艺设计和使用功能要求以及工程设计的建议权。

b）对实施项目的质量、工期和费用的控制权。

c）工程建设有关协作单位组织协调的主持权。

d）在业务紧急情况下，为了工程和人身安全，尽管变更指令已超越了委托人授权而又不能事先得到批准时，也有权发布变更指令，但应尽快通知委托人。

e）审核承包人索赔的权利。

3. 监理合同双方的义务

（1）委托人的义务。

1）委托人负责建设工程所有外部关系的协调工作。满足开展监理工作所需要提供的外部条件。

2）委托人授权的常驻代表负责与监理人联系，做好协调工作。

3）委托人应在合理的时间内就监理人以书面形式提交并要求做出决定的一切事宜做出书面决定。

4）委托人为监理人顺利履行合同义务，做好协助工作。

协助工作包括：

a）将授予监理人的监理权利，以及监理人监理机构主要成员的职能分工、监理权限，及时书面通知已选定的第三方，并在第三方签订的合同中予以明确。

b）在双方议定的时间内，免费向监理人提供与工程有关的监理服务所需要的工程资料。

c）为监理人驻工地监理机构开展正常工作提供协助服务（信息、物质及人员）。

（2）监理人的义务。

1）公正维护有关方面的合法权益。

2）按合同约定派驻足够的人员从事监理工作。

3）在合同期内或合同终止后，未征得有关方面同意，不得泄露与本工程、合同业务有关的保密资料。

4）委托人提供的供监理使用的设施和物品的归还。

5）不应接受委托监理合同约定以外的与监理工程有关的报酬。

6）不得参与可能与合同规定的与委托人利益相冲突的任何活动。

7）在监理过程中，不得泄露委托人申明的秘密，也不得泄露设计、承包单位申明的秘密。

8）负责合同的协调工作。

a）监理酬金的构成：①正常监理工作的酬金；②附加监理工作的酬金；③额外监理工作的酬金；④奖金。

b）监理酬金的支付。

注意：

在签订合同时必须明确监理酬金的支付方式。例如：首期支付多少，是按月等额支付，还是根据形象进度支付，支付货币的币种等。

4．监理合同的违约责任

（1）违约赔偿。合同履行过程中，由于当事人一方的过错，造成合同不能履行或者不能完全履行，由有过错的一方承担违约责任；如属双方的过错，根据实际情况，由双方分别承担各自的违约责任。在《委托监理合同（示范文本）》中，约束双方行为的条款：

在合同责任期内，如果监理人未按合同中要求的职责勤勉认真地服务；或委托人违背了他对监理人的责任时，均应向对方承担赔偿责任。

任何一方对另一方负有责任时的赔偿原则：

1）委托人违约应承担违约责任，赔偿监理人的经济损失。

2）因监理人过失造成经济损失，应向委托人进行赔偿，累计赔偿额不应超出监理酬金总额（除去税金）。

3）当一方向另一方的索赔要求不成立时，提出索赔的一方应补偿由此所导致的对方各种费用的支出。

（2）监理人的责任限度。为什么监理人的责任是有限度的责任？

1）建设工程监理是以监理人向委托人提供技术服务为特性，在服务过程中，监理人主要凭借自身知识、技术和管理经验，向委托人提供咨询、服务，替委托人管理工程。

2）在工程项目建设过程中，会受到许多方面因素限制。

鉴于上述情况，在责任方面作了如下规定：

1）监理人在责任期内，如果因过失而造成经济损失，要负监理失职的责任。

2）监理人不对责任期以外发生的任何事情所引起的损失或损害负责，也不对第三方违反合同规定的质量引起的损失和完工（交图、交货）时限承担责任。

5. 合同变更

（1）合同变更的原因。

1）业主提出新的要求或补充要求。

2）合同执行环境变化，已超出了原有合同委托任务，经双方协商达成合同更改。

3）国家政策对项目提出新的要求，业主要求对合同做相应修改。

（2）合同变更程序。

1）合同变更应由合同双方经过协商，对变更达成一致意见，签署会议纪要、备忘录、修正案等变更协议。

2）合同变更协议与合同文本具有同等的法律约束力，其法律效力优于合同文本。

3）对合同规定范围内的变更，不需要双方协商，可由业主直接下达变更指令。

6. 合同的暂停或终止

（1）监理人向委托人办理完竣工验收或工程移交手续，承包人和委托人已签订工程保修合同，监理人收到监理酬金尾款结清监理酬金后，本合同即告终止。

（2）当事人一方要求变更或解除合同时，应当在 42 日前通知对方，因变更或解除合同使一方遭受损失的，除依法可免除责任者外，应由责任方负责赔偿。

（3）变更或解除合同的通知或协议书必须采用书面形式，协议未达成前，原合同仍然有效。

（4）如果委托人认为监理人无正当理由而又未履行合同监理义务时，可向监理人发出指明其未履行义务的通知。若委托人在 21 日内没有收到答复，可在第 1 个通知发出后 35 日内发出终止监理合同的通知，合同即行终止。

（5）监理人在应当获得监理酬金之日起 30 日内仍未收到支付单据，而委托人又未对监理人提出任何书面解释，或暂停监理业务期限已超过半年时，监理人可向委托人发出终止合同通知。如果 14 日内未得到委托人答复，可进一步发出终止合同的通知。如果第 2 份通知发出后 42 日内仍未得到委托人答复，监理人可终止合同，也可自行暂停履行部分或全部监理业务。

合同协议的终止并不影响各方应有权利和应承担责任。

(二) 委托监理合同的管理

1. 订立委托监理合同应注意的问题

(1) 坚持按法定程序签署合同。

1) 委托监理合同的签订，意味着委托关系的形成，委托方与被委托方的关系也将受到合同的约束。

2) 签订委托监理合同必须是双方法定代表人或经其授权的代表签署并监督执行。

3) 在合同签署过程中，应检验代表对方签字人的授权委托书，避免合同失效或不必要的合同纠纷。

(2) 不可忽视来往函件。在合同洽商过程中，合同双方通常会用一些函件来确认双方达成的某些口头协议或书面交往文件，后者构成招标文件和投标文件的组成部分。为了确认合同责任以及明确双方对项目的有关理解和意图，以免将来分歧，签订合同时，双方达成的一致部分应写入合同附录或专用条款内。

(3) 其他应注意的问题。委托监理合同时是双方承担义务和责任的协议，也是双方合作和相互理解的基础，一旦出现争议，这些文件也是保护双方权利的法律基础。因此在签订合同中应做到文字简洁、清晰、严密，以保证意思表达准确。

2. 委托监理合同管理的任务

为什么要加强对委托监理合同的管理？

(1) 使参与监理的人员充分了解监理工作内容，监理人员的权利和义务，指导监理工作。

(2) 对合同实施有效的控制，确保双方正确履行合同。

(3) 合同双方可以及时了解合同执行情况，便于双方制定合同实施的行动方案或对策。

(4) 可以减少或防止合同争议，并避免因合同争议造成的损失。

3. 委托监理合同管理的内容

如何加强委托监理合同管理？

(1) 建立合同实施的保证体系。

1) 建立有效的项目监理组织机构，配备得力的项目监理负责人及其配套的专业监理人员。

2) 落实合同责任制。

(2) 建立合同管理制度。

合同管理制度主要有：

1) 审查审批制度。

2) 合同交底制度。

3) 合同的检查制度。

4) 合同的文档管理制度。

(3) 做好合同交底工作。主管合同的监理工程师在分析监理合同的基础上，进行监理合同交底，使全体监理人员明确监理各自范围、监理工作内容、监理的义务和权利等，按委托监理合同的规定做好工作。

（4）监督监理合同的实施。对监理合同实施的情况进行监督、检查；对合同实施中出现的新情况、新问题，应尽快协商制定必要的对策、措施加以解决；对合同更改进行事务性处理。

（5）及时解决合同争议。合同双方在执行合同过程中产生了争执，应本着互利互惠的原则妥善地协商解决。如协商未能达成一致，可提交主管部门协商。如仍不能达成一致，根据双方约定，提交仲裁机构仲裁或向人民法院起诉。

（6）加强索赔与反索赔管理。提出索赔与反索赔报告，是合同双方进行合同管理的日常工作。

五、建设工程施工合同管理

（一）施工合同概述

建设工程施工合同是发包人与承包人就完成具体工程项目的建筑施工、设备安装、设备调试、工程保修等工作内容，确定双方权利和义务的协议。

施工合同是建设工程合同的一种，是双务有偿合同。

建设工程施工合同的标的是将设计图纸变为满足功能、质量、进度、投资预期目标的建筑产品。所以具有以下特点：

（1）合同标的的特殊性。

（2）合同履行期限的长期性。

（3）合同内容的复杂性。

建设部和国家工商行政管理总局于 1999 年 12 月 24 日发布了《建设工程施工合同（示范文本）》（GF-1999-0201），包括协议书、通用条款和专业条款三个部分，并附有三个附件。

1. 大型火力发电厂建设施工合同

（1）采用各发电集团的合同范本。

（2）采用 1999 年国家电力公司颁布的《火力发电工程施工招标程序及招标文件范本》。

2. 输变电工程建设施工合同

2010 年 4 月 1 日国家电网公司颁发《输变电工程施工合同》，包括合同协议书、通用条款和专用条款。

（二）施工合同管理工作

本部分从监理单位管理施工合同的角度，结合《建设工程施工合同（示范文本）》主要条款，学习施工合同管理的有关内容。

监理单位对施工合同的管理，主要包括：

（1）施工合同订立阶段的管理。

（2）施工准备阶段的合同管理。

（3）施工过程的合同管理。

（4）竣工阶段的合同管理。

1. 施工合同订立阶段的管理

（1）全面了解招标文件有关内容。

1）施工承包单位的资质条件。

2）承包工程范围。

3）工程规模。

4）工程特征。

5）工程技术情况。

（2）全面了解中标单位有关情况。

1）中标单位资质、业绩。

2）担负本工程主要负责人的基本素质情况。

3）投标书中对本工程的承诺，投入能力、质量保证措施、投标价格及组成、工程进度安排等。

（3）对合同文本进行分析。

1）采用合同文本是否正确有效。

2）标准条件是否符合本工程特征。

3）专用条件是否有隐含转嫁风险的因素。如投标书中提出的工期顺延、价款变动、质量要求、现场条件等有关条款。

（4）对合同订立原则进行审查。

1）合同订立是否遵守国家法律和法规。

2）合同订立是否按平等、自愿和公平的原则。

3）合同订立是否执行诚信、信用原则。

（5）对投标书有关内容进一步落实审查，避免引起扯皮或发生索赔。

1）对投标书阐述不明确的内容进一步询问和落实。

2）对投标书制定措施不能满意时，进一步审查和落实。

（6）保证合同订立的内容齐全，手续完备。

1）双方责任明确。

2）承担工程项目和范围明确。

3）质量验收标准明确。

4）工程进度目标明确。

5）费用范围和支付方式明确。

6）违约处罚条件明确。

7）安全目标明确。

8）工程验收和移交明确。

9）设备材料采购范围明确。

10）合同双方法人代表明确。

11）合同签章手续完备。

订立施工合同时应具备的条件：①初步设计已经批准；②工程项目已经列入年度建设计划；③有足够满足施工需要的设计文件和有关资料；④建设资金和主要建筑材料、设备来源已经落实；⑤招投标工程，中标通知书已经下达。

（7）进行合同交底，为防范措施做好准备。

交底范围：全体监理人员。

交底内容：合同目标、合同工作范围和合同条款的交叉点以及合同风险。

（8）利用计算机进行合同管理，建立合同管理数据档案。

（9）建立合同计划表，形成合同网络系统。

2. 施工准备阶段的合同管理

在施工准备阶段，监理工程师对施工合同管理主要是检查合同双方是否按合同有关条款要求做好开工前的各项准备工作，及时签署开工令。

（1）对承包人的检查和督促。督促承包人按合同要求，及时提交施工组织设计和施工进度计划。检查承包人是否按合同专用条款要求做好施工人员、材料、机械和设备的调配工作。

（2）对发包人的检查和提示。检查发包人是否按合同专用条款的规定，使施工现场具备施工条件、开通施工现场道路。及时提请发包人按合同约定的时间和金额支付预付款。

（3）监理工程师的 5 项有关工作：

1）检查施工图纸是否按合同专用条款规定的时间和数量进行提供，及时对施工图纸进行审核确认。

2）及时交验水准点与坐标控制点。

3）及时审批开工申请。

4）当承包人不能在专用条款约定的时间内开工时，应按合同约定，区分延期开工的责任。

5）按文档管理要求，做好施工准备阶段合同管理资料的相关工作。

3. 施工过程的合同管理

在施工过程中，监理工程师主要是做好工期管理、质量管理、安全管理和支付管理，督促和提示合同双方自行完成各自的义务。

（1）工期管理。

1）对承包人施工进度计划进行确认。

2）按照进度计划以及关键项目进度进行实际检查。

3）对影响进度计划的因素进行分析，按合同约定确定责任。

4）如同意承包人修改进度计划时，应审批承包人修改的进度计划。

（2）质量管理。监理工程师在施工过程中应采用巡视、旁站、平行检验等方式，监督检查承包人的施工工艺和产品质量，对建筑产品的生产过程进行严格控制。

1）按合同约定的检验要求、验收程序，检验工程使用的材料、设备、半成品及构配件的质量，并按合同约定处理质量缺陷、保管费用、检验费用等事宜。

2）按合同约定的规范、规程、设备说明书，监督检查施工质量。

3）按合同规定的程序，验收隐蔽工程和需要中间验收的工程质量。

4）按合同规定，处理因工程质量达不到约定标准的部分，造成拆除和重新施工，而产生的费用和工期延误。

（3）支付管理。

1）按合同约定的工程量计量程序和要求，对照设计图纸，对承包人完成的永久性工程合格工程量进行计量。

2）审查本期应支付承包人的工程进度款的款项是否符合合同约定。

3）提请发包人按合同约定，及时支付工程进度款。

（4）施工安全环境管理。

1）监督现场的日常施工作业符合行政法规及合同的要求，做到文明施工。

2）施工应遵守政府有关主管部门对施工现场、施工噪声以及环境保护和安全生产等的管理规定。

3）监理工程师应当审查施工组织设计中安全技术措施或专项施工方案。

4）监督承包人按安全生产的有关规定组织施工。

（5）施工过程的合同的补充和完善。

前提：因条件环境变化，致使义务履行推迟或者不能全面完成。

程序：由发生方提前提出；监理工程师通过调查了解情况后；由合同双方和监理工程师共同进行商榷。对合同某些条款或具体事务经商榷成功后，形成合同的补充文件。

4. 竣工阶段的合同管理

在竣工阶段，监理工程师主要是对工程试运、竣工验收、工程保修、竣工结算等的管理。

（1）按合同规定参加设备分部试运及整套启动，检查是否符合设计及厂家要求并验收。

（2）按合同和《建设工程监理规范》的规定，组织工程竣工预验收，签署工程竣工报验单，提出工程质量评估报告；参加竣工验收，签署竣工验收报告。

（3）做好验收后管理工作。按合同规定对工程移交、工程保管责任、缺陷处理、项目移交、竣工时间启动等事项进行处理。

（4）按合同约定处理工程保修的有关事宜。

（5）及时按合同的有关规定进行竣工结算，并对工程竣工结算的总价款与发包人和承包人进行协商。

（6）当竣工结算有违约情况发生时，按合同规定界定违约责任。

（三）施工合同范本有关条款

学习《建设工程施工合同（示范文本）》通用条款中合同文件、发包人和承包人的工作、工期、暂停施工、工期延误、合同价款、工程变更、不可抗力、工程试车、竣工验收、工程保修、工程分包等 13 个条款。

1. 对双方有约束力的合同文件

（1）合同文件的组成：在协议书和通用条款中规定，对合同当事人双方有约束力的合同文件包括两大部分：

1）订立合同时已形成的文件。

2）履行过程中构成对双方有约束力的文件。

（2）合同文件的解释顺序。

1）施工合同协议书。

2）中标通知书。

3）投标书及其附件。

4）施工合同专用条件款。

5）施工合同通用条款。

6）标准、规范及有关技术文件。

7）图纸。

8）工程量清单。

9）工程报价单。

（3）合同文件出现矛盾或歧义的处理程序。

2. 发包人和承包人的工作

（1）发包人的义务。

（2）承包人的义务。

3. 工期

在合同中应注明开工日期、竣工日期和合同工期总日历天数等。

（1）开工日期。指发包人、承包人在协议书中约定，承包人开始施工的绝对或相对的日期。

1）在正常情况下应为专用条款内约定的日期，也可能是由于发包人或承包人要求延期开工，经工程师确认的日期。

2）承包人应按照专用条款约定的开工日期开工。

3）在特殊情况下，工程的准备工作不具备开工条件，应按合同的约定区分延期开工的责任：

（a）承包人要求的延期开工。如果是承包人要求的延期开工，工程师有权批准是否同意延期开工，但应严格履行程序。

a）承包人不能按时开工，应当不迟于协议书约定的开工日期前 7 日，以书面形式向工程师提出延期开工的理由和要求。

b）工程师应当在接到延期开工申请后 48h 内以书面形式答复承包人。

注意：

a）工程师在接到延期开工申请后 48h 内不答复，视为同意承包人要求，工期相应顺延。

b）如果工程师不同意延期要求，工期不予顺延。

c）如果承包人未在规定时间内提出延期开工要求，工期不予顺延。

（b）发包人原因的延期开工。

a）因发包人原因不能按照协议书约定的开工日期开工，工程师应以书面形式通知承包人，推迟开工日期。

b）发包人赔偿承包人因延期开工造成的损失，并相应顺延工期。

（2）竣工日期。指发包人承包人在协议书约定，承包人完成承包范围内工程的绝对或相对的日期。

1）在专用条款中应明确中间交工工程的范围和竣工时间。

实际竣工日期有以下几种情况：

a）工程竣工验收通过，承包人送交竣工验收报告的日期。

b）工程按发包人要求修改后通过竣工验收的，承包人修改后提请发包人验收的日期。

2）承包人必须按照专用条款约定的竣工日期或工程师同意顺延的工期竣工。

3）因承包人原因不能按照专用条款约定的竣工日期或工程师同意顺延的工期竣工的，承包人承担违约责任。

4）发包人要求提前竣工：施工中发包人出于某种考虑要求提前竣工，应与承包人协商。双方协商一致后应签订提前竣工协议，作为合同文件组成部分。

5）提前竣工协议应包括的内容：

a）提前竣工的时间。

b）承包人在保证工程质量和安全的前提下，可能采取的赶工措施。

c）发包人为提前竣工应提供的方便条件。

d）提前竣工所需的追加合同价款等。

（3）工期。指发包人承包人在协议书中约定，按总日历天数（包括法定节假日）计算的承包天数。

1）工期总日历天数应为中标通知书已注明发包人接受的投标工期。

2）合同约定的工期指协议书中写明的时间与施工过程中遇到的合同约定可以顺延工期条件情况后，经过工程师确认应予以承包人顺延工期之和。

3）承包人的实际施工期限：从开工日期至竣工日期之间的日历天数。

4. 暂停施工

（1）工程师指示的暂停施工。

暂停施工的原因：

1）外部条件的变化。

2）发包人应承担责任的原因。

3）协调管理的原因。

4）承包人的原因。

（2）由于发包人不能按时支付的暂停施工。

（3）监理工程师可签发工程暂停令的条件。《建设工程监理规范》规定在发生下列情况时，监理工程师可签发工程暂停令：

1）建设单位要求暂停施工且工程需要暂停施工。

2）为了保证工程质量而需要进行停工处理。

3）施工出现了安全隐患，总监理工程师认为有必要停工以消除隐患。

4）发生了必须暂停施工的紧急事件。

5）承包单位未经许可擅自施工，或拒绝项目监理机构管理。

（4）暂停施工的管理。

1）签发工程暂停令。

2）确定工程项目停工范围。

3）承包人按指令暂停施工。

4）承包人提出复工要求。

5）工程师批准复工。

6）处理费用、工期等事宜。

5．工期延误

（1）工期延误的原因。

（2）可以顺延工期的条件。

（3）工期顺延的确认程序。

（4）工期延误的处理。

6．合同价款

（1）合同约定的合同价款。

（2）追加合同价款。

（3）费用。

（4）合同的计价方式。

1）固定价格合同。

2）可调价格合同。

3）成本加酬金合同。

（5）允许调整合同价款的有关规定。

（6）工程预付款的约定。

（7）支付工程进度款的约定。

7．工程变更

（1）工程变更合同条款。

1）工程师指示的设计变更。

2）设计变更程序。

3）变更价款的确定。

（2）工程变更管理。

施工中承包人未得到工程师的同意不允许对工程设计随意变更。

在合同履行管理中，工程师应严格控制工程变更。

施工合同范本通用条款中规定：如果由于承包人擅自变更设计，发生的费用和因此而导致的发包人的直接损失，由承包人承担，延误的工期不予顺延。

（3）监理工程师如何处理工程变更合同。项目监理机构处理工程变更包括：

1）在工程变更的质量、费用和工期方面取得建设单位授权。

2）按施工合同规定与承包单位进行协商。

3）协商一致后，向建设单位通报。

4）由建设单位与承包单位在变更文件上签字。

未取得建设单位授权时，协助建设单位和承包单位进行协商，并达成一致。

在建设单位和承包单位未能就工程变更的费用等方面达成协议时，项目监理机构应提出一个暂定价格，作为临时支付工程价款的依据。该项工程最终结算时，应以建设单位和承包单位达成的协议为依据。

8．不可抗力

（1）不可抗力的定义。不可抗力是指合同当事人不能预见，不能避免并不能克服的客观情况。

（2）不可抗力的范围。不可抗力范围包括战争、动乱、空中飞行物坠落或其他非发包人责任造成的爆炸、火灾以及专用条款约定的风、雨、雪、洪水、地震等自然灾害。

（3）不可抗力的合同管理。

1）合同订立时应明确不可抗力的范围。

2）监理工程师应对合同中不可抗力的范围的明确性进行审查。

3）不可抗力事件发生后，承包人应在力所能及的条件下迅速采取措施，尽量减少损失，并在不可抗力事件结束后48h内向总监理工程师通报受害情况和损失情况，以及清理和修复的费用。发包人应尽力协助承包人采取措施。

4）不可抗力事件继续发生，承包人应每隔7日向总监理工程师报告一次受害情况，并于不可抗力事件结束后14日内，向总监理工程师提交清理和修复费用的正式报告及有关材料。

（4）不可抗力事件的合同责任。

1）合同约定工期内发生不可抗力。施工合同范本通用条款规定，因不可抗力事件导致的费用及延误的工期由双方分别承担不可抗力事件的合同责任。

2）迟延履行合同期间发生的不可抗力。按照合同法规定的基本原则，因合同一方迟延履行合同后发生不可抗力，不能免除迟延履行方的相应责任。

9．合同争议

（1）施工合同范本通用条款中有关规定。

（2）项目监理机构对合同争议的调解。

项目监理机构接到合同争议的调解要求后，应进行以下工作：

1）了解情况，进行调查和取证。

2）及时与合同争议的双方进行磋商。

3）提出调解方案，进行争议调解。

4）当调解未达成一致时，应在施工合同规定的期限内，提出该合同争议的处理意见。

5）在争议调解过程中，除已达到了施工合同规定的暂停履行合同的条件之外，应要求施工合同双方继续履行施工合同。

签发合同争议处理意见后，建设单位或承包单位在施工合同规定的期限内未对合同争议处理决定提出异议，在符合施工合同的前提下，此意见应成为最后的决定，双方必须执行。

在合同争议的仲裁或诉讼过程中，项目监理机构接到仲裁机关或法院要求提供有关证据的通知后，应公正地向仲裁机关或法院提供与争议有关的证据。

10．工程试车

（1）工程试车的定义。工程试车是指设备安装工作完成后，对设备运行的性能进行检验工作。

（2）工程试车的分类。工程试车分为竣工前的试车和竣工后的试车。竣工前的试车分为单机无负荷试车和联动无负荷试车。

（3）竣工前试车的组织与责任。

1）试车的组织：①单机无负荷试车；②联动无负荷试车。

2）试车中双方的责任。

11. 竣工验收

工程验收是合同履行职责的一个重要工作阶段。

竣工验收分为分项工程竣工验收和整体工程验收。

工程未经竣工验收或竣工验收未通过的，发包人不得使用。

发包人强行使用时，由此发生的质量问题及其他问题，由发包人承担责任。

（1）竣工验收需满足的条件。

（2）竣工验收程序。

（3）竣工时间的确定。

12. 工程保修

（1）质量保修责任。承包人应按法律、行政法规或国家关于工程质量保修的有关规定，对交付发包人使用的工程在质量保修期内承担质量保修责任。

（2）质量保修工作的实施。承包人应在工程竣工验收之前，与发包人签订质量保修书，作为本合同附件。

质量保修书的主要内容：

1）质量保修项目内容及范围。合同双方按照工程性质和特点，具体约定保修的相关内容。

2）质量保修期。保修期从竣工验收合格之日起计算。

合同双方应针对不同的工程部位，在保修书内约定具体保修年限。

保修年限不得低于法规规定的标准。

国务院颁布的《建设工程质量管理条例》明确规定，在正常使用条件下最低保修期为：

a）基础设施工程、房屋建筑的地基基础工程和主体工程，为设计文件规定的该工程的合理使用年限。

b）屋面防水工程、有防水要求的卫生间、房间和外墙面的防渗漏，为 5 年。

c）供热与供冷系统，为两个采暖期、供冷期。

d）电力管线、给排水管道、设备安装和装修工程，为 2 年。

3）质量保修责任。

a）属于保修范围、内容的项目，承包人应在接到通知起 7 日内派人保修。承包人不派人保修，发包人可以安排其他人实施保修。

b）发生紧急抢修事故时，承包人接到通知后应立即到达事故抢修现场。

c）设计结构安全的质量问题，应按照《房屋建筑工程质量保修办法》的规定，立即向当地建设行政主管部门报告，采取相应的安全防范措施。有原设计单位或具有相应资质等级的设计单位提出保修方案，承包人实施保修。

d）质量保修完成后，由发包人组织验收。

4）质量保修金的支付方法。《建设工程质量保修管理条例》颁布后，竣工结算时不再扣留质量保证金。保修费用由造成质量缺陷的责任方承担。

13．工程分包

（1）工程分包的约定。

承包人按专用条款的约定分包所承包的部分工程，并与分包单位签订分包合同。

非经发包人同意，承包人不得将承包工程的任何部分分包。

承包人不得将其承包的全部工程转包给他人，也不得将其承包的全部工程肢解以后以分包的名义分别转包给他人。

（2）工程分包的责任。工程分包不能解除承包人任何责任与义务。

承包人应在分包场地派驻相应管理人员，保证本合同的履行。

分包单位的任何违约行为或疏忽导致工程损害或给发包人造成其他损失，承包人承担连带责任。

（3）分包工程款结算的规定。分包工程价款由承包人与分包单位结算。

发包人未经承包人同意不得以任何形式向分包单位支付各种工程款项。

（四）建设工程施工索赔—概述

1．施工索赔的概念

施工索赔是当事人在合同实施过程中，根据法律、合同规定及惯例，对不应由自己承担责任的情况造成的损失，向合同的另一方当事人提出给予赔偿或补偿要求的行为。

在工程建设各个阶段，都有可能发生索赔，但在施工阶段索赔发生较多。

对施工合同的双方来说，都有通过索赔维护自己合法利益的权利，依据双方约定的合同责任，构成正确履行合同义务的制约关系。

2．索赔的特征

（1）索赔是双向的，不仅承包人可以向发包人索赔，发包人同样也可以向承包人索赔。

（2）只有实际发生了经济损失或权利损害，一方才能向对方索赔。

（3）索赔是一种未经对方确认的单方行为。

3．索赔的方式

（1）协商谈判。

（2）调解。

（3）仲裁或诉讼。

索赔可通过协商谈判和调解等方式获得解决，只有在双方无法达成一致时，才会提交仲裁或诉诸法律求得解决。诉诸法律程序，也是遵法守约的正当行为。

4．施工索赔分类

施工索赔主要分为三类：

（1）按索赔合同的依据分类。

（2）按索赔的目的分类。

（3）按索赔事件的性质分类。

5. 处理索赔的原则

(1) 公正原则。

(2) 及时履行职责的原则。

(3) 协商一致的原则。

(4) 诚实信用。

6. 处理索赔的方法

(1) 监理工程师处理索赔必须以合同为依据。

(2) 必须重视，认真地积累资料，为处理索赔提供充分依据。

(3) 处理索赔必须及时、合理地做好协调工作。

(4) 加强主动监理，减少工程索赔。

7. 索赔程序

(1) 承包人的索赔程序。

1) 承包人提出索赔要求。

a) 发出索赔意向通知。索赔事件发生后，承包人应在索赔事件发生后的 28 日内向监理工程师递交索赔意向通知，声明将对此事件提出索赔。如果超过这个期限，监理工程师和发包人有权拒绝承包人的索赔要求。

b) 递交索赔报告。索赔意向通知提出后的 28 日内，或监理工程师可能同意的其他合理时间，承包人应递送正式的索赔报告。

如果索赔事件的影响继续存在，28 日内还不能算出索赔额和工期延期天数时，承包人应按监理工程师合理要求的时间间隔（一般为 28 日），定期陆续报出每一个时间段内的索赔证据资料和索赔要求。

在该项索赔事件的影响结束后的 28 日内，报出最终详细报告，提出索赔论证资料和累积索赔额。

2) 监理工程师审核索赔报告。

(a) 审核承包人的索赔申请。接到承包人的索赔意向通知后，首先在不确认责任归属的情况下，客观分析事件发生的原因，对照合同的有关条款，研究承包人的索赔证据，并检查其同期记录。其次通过对事件的分析，监理工程师再依据合同条款划清责任界限，必要时还可以要求承包人进一步补充资料。尤其是对承包人与发包人或监理工程师都负有一定责任的事件影响，更应划出各方应该承担责任的比例。最后再审查承包人提出的索赔补偿要求，剔出其中不合理的部分，拟定自己计算的合理索赔款额和工期顺延天数。

(b) 判断索赔成立的原则。监理工程师判定承包人索赔成立的条件为：

a) 与合同对照，事件已造成了承包人施工成本的额外支出，或总工期延期。

b) 造成费用增加或工期延误的原因，按合同约定不属于承包人应承担的责任。

c) 承包人按合同规定的程序提交了索赔意向通知和索赔报告。

上述三个条件没有先后主次之分，应当同时具备。只有监理工程师认定索赔成立后，才处理应给予承包人的补偿额。

(c) 对索赔报告的审查。

a) 事态调查。通过事件的跟踪、分析，了解事件经过、前因后果，掌握事件详细情况。

　　b）损害事件原因分析。即分析索赔事件是由何种原因引起，责任应由谁来承担。

　　c）分析索赔理由。主要依据合同判明索赔事件是否属于履行合同规定义务或未正确履行合同义务导致，是否在合同规定的赔偿范围之内。

　　d）实际损失分析。即分析索赔事件的影响，主要表现为工期延长和费用增加。

　　e）证据资料分析。主要分析证据资料的有效性、合理性、正确性，这也是索赔要求有效的前提条件。

　　3）确定合理补偿额。

　　a）监理工程师与承包人协商补偿。监理工程师核查后初步确定应给予补偿的额度往往与承包人的索赔报告中要求的额度不一致，甚至差额较大。双方就索赔的处理进行协商。

　　b）监理工程师索赔处理决定。在经过认真分析研究，与承包人、发包人广泛讨论后，监理工程师应向发包人和承包人提出自己的索赔处理决定。签署工程延期审批表和费用审批表。

　　监理工程师收到承包人送交的索赔报告和有关资料后，于 28 日内给予答复或要求承包人进一步补充索赔理由和证据。

　　《建设工程施工合同（示范文本）》规定，监理工程师收到承包人递交的索赔报告和有关资料后，如果在 28 日内既未予答复，也未对承包人作进一步要求的话，则视为承包人提出的该项索赔要求已经认可。

　　4）发包人审查索赔处理。当监理工程师确定的索赔额超过其权限范围时。必须报请发包人批准。发包人首先根据事件发生的原因、责任范围、合同条款审查承包人的索赔申请和监理工程师的处理报告。

　　其次依据工程建设的目的、投资控制、竣工投产日期要求以及针对承包人在施工中的缺陷或违反合同规定等有关情况，决定是否同意监理工程师的处理意见。

　　权衡施工的实际情况和外部条件的要求后，可能不同意顺延工期，而宁可给承包人增加费用补偿额，要求其采取赶工措施，按期或提前完工（这样的决定只有发包人才有权作出）。索赔报告经发包人同意后，监理工程师即可签发有关证书。

　　5）承包人是否接受最终索赔处理。承包人接受最终索赔处理，索赔事件的处理即告结束。

　　如果承包人不同意，就会导致合同争议。

　　通过协商双方达到互谅互让的解决方案，是处理争议的最理想方式。如达不成谅解，承包人有权提交仲裁或诉讼解决。

　　（2）发包人的索赔。《建设工程施工合同（示范文本）》规定，承包人未按合同约定履行自己的各项义务或发生错误而给发包人造成损失时，发包人也应按合同约定向承包人提出索赔。

　　（五）建设工程施工索赔—索赔管理

　　索赔管理是监理工程师进行项目管理的主要任务之一。

　　索赔管理的基本目标：

（1）预防和减少索赔事件的发生，将索赔事件消灭在萌芽中。

（2）索赔事件发生后，公平、合理地处理索赔。

1. 监理工程师索赔管理的主要任务

（1）预测和分析导致索赔的原因和可能性。

（2）通过有效的合同管理减少索赔事件发生。

（3）公平合理地处理和解决索赔。

2. 监理工程师对索赔的审查

监理工程师索赔审查的内容包括：

（1）审查索赔证据和依据。

（2）审查工期延期要求。

（3）审查费用索赔要求。

监理工程师通过对合同的有效管理和建立合同管理系统，在审查索赔时可以对承包人提出质疑的 10 种情况：

（1）合同依据不足。

（2）事实依据不足。

（3）由于事实依据不足，要求承包人进一步提供证据。

（4）承包人未遵守意向通知的要求。

（5）承包人未能采取适当措施避免或减少损失。

（6）承包人过去明示或暗示已经放弃了索赔要求。

（7）索赔事件不属于业主和监理工程师的责任，而是与承包人有关的第三方的责任。

（8）业主和承包人有共同负担责任，承包人必须划分和证明双方责任的大小。

（9）损失计算夸大，要求承包人修正计算。

（10）承包人索赔程序不符合要求，不予索赔。

3. 监理工程师对索赔的预防和减少

索赔虽然不可能完全避免，但通过努力可以减少发生。

监理工程师可根据引起索赔的原因，采取措施减少和预防索赔。

预防和减少索赔的主要措施：

（1）做好合同文件的审查工作。

（2）为业主做好参谋。

（3）做好日常监理工作，及时处理可能导致索赔的不利因素。

（4）尽量为承包人提供力所能及的帮助。

（5）公平、公正地处理合同事务。

拓展知识

❖查阅相关合同纠纷及法院经典案例

能力检测

1. 建设工程合同管理的依据是什么？

2. 建设工程合同管理任务包括哪些内容?

3. 建设工程合同管理方法是什么?

4. 合同管理协调的内容有哪些?

5. 合同管理协调的主要方法是什么?

6. 简述工程项目建设的行为主体与合同主体的区别。

7. 什么是合同法律关系?

8. 合同法律关系由哪些要素构成?

9. 担保的方式有哪些?

10. 理解保证在建设工程中的应用。

11. 建设工程一切险的投保人是谁?

12. 建设工程涉及的主要险种有哪些? 保险义务如何分担?

13. 要约、要约邀请与承诺的区别在哪里?

14. 合同生效应具备哪些条件?

15. 什么情况下订立的合同无效?

16. 无效合同的法律后果是什么?

17. 出现了哪些情况,可以根据法律规定解除合同?

18. 承担违约责任的原则及方式有哪里?

19. 解决合同主要的方法有哪些?

20. 订立委托监理合同应注意的问题是什么?

21. 简述委托监理合同管理的任务。(为什么要加强管理?)

22. 简述委托监理合同管理的内容。(如何加强合同管理?)

附　录

附录 A：国家电网公司电网设备
检修成本定额（试行）节选

前　言

输电、变电、配电设备检修费用管理是成本管理的重要内容，是资产全寿命周期管理的重要基础。为进一步加强成本精益化、标准化管理，按照公司党组关于"建立统一的预算成本定额体系"的要求，公司决定开展标准成本定额体系建设工作。编制电网设备检修定额是建立成本定额体系的重要内容。

国家电网公司组织国网北京经济技术研究院、部分网省公司专家研究编制了《国家电网公司电网设备检修成本定额（试行）》和《国家电网公司电网检修工程预算编制和计算标准（试行）》，作为规范和统一国家电网公司系统输变电、配电设备的检修工程预算计算标准。

《国家电网公司电网设备检修成本定额（试行）》共分两分册，第一册变电设备检修和第二册电网线路检修。本套定额是根据新技术、新工艺、新材料、新设备的广泛应用以及现在执行的设备技术规范、标准、规章制度，充分考虑电网设备检修技术发展水平、检修定额的普遍性原则而编制。本套定额是在部分网省公司的基础上经过认真调研和反复讨论、推敲，经典型检修项目测算，并且按照国家规定的行业编制格式进行编制。

本定额的制定是通过在国家电网公司系统范围测算各类设备检修项目人工、消耗性材料、机械和仪器使用的工作量，分析各类设备检修标准中所发生的各类成本和费用，并进行各项目的对比分析、测算和验算，形成国家电网公司系统统一的生产性设备检修定额标准。本着可操作性强的原则，细化了子目的设置，对主要的、常用的检修项目分别编制了常规检修和解体检修综合子目形式。本定额中没有的检修作业项目可参照《电力建设工程预算定额》（2006 年版）。

为了更好地推广应用《国家电网公司电网设备检修成本定额（试行）》，各章节编写了编制说明，进一步对定额规范使用进行重点说明，防止出现不同的解释或歧义，以举例说明解释定额使用中的实际问题，力求对检修工程预算编制有很好的指导作用。

这里只截取配电设备中的变压器部分。

第 3 章 配 电 设 备
编 制 说 明

一、编制内容与范围

（1）适用于 10kV 配电线路（设备）检修工作，主要为国家电网公司有关文件规定的工作内容。

（2）每个检修子项均以正常检修工作量为基准考虑定额，使用时根据实际的工作量选取相应的定额子项。

（3）内容包含配电变压器、柱上开关、开关柜、环网柜、分支箱、美式箱变、熔断器、避雷器、母线、低压开关等设备的单项检修及杆上变压器的综合检修。

二、定额中工作量计算规则

（一）变压器

1. 工作内容

配电变压器更换安装、吊芯、采油样、测量接地电阻，变压器接地引下线维护及更换，地名牌、警告牌检查、更换、增补，变压器高、低压绝缘护套维护及增补，杆上变压器专用线夹更换，杆上变压器专用线夹更换，变压器更换套管、压板、密封圈，更换低压出线，红外线测温，清除杆上变压器上杂物等。

2. 计算规则

（1）配电变压器更换安装、吊芯、采油样、测量接地电阻，接地引下线维护及更换，地名牌、警告牌检查、更换、增补，高、低压绝缘护套维护、增补，专用线夹更换，红外线测温，清除杆上变压器上杂物等检修项目，以"台"为计量单位。

（2）变压器更换套管、压板、密封圈检修项目，以"相/台"为计量单位。

如同一变压器更换套管、压板、密封圈或更换同一变压器低压出线，每增加一相加 0.1 系数。即系数 $= 1 + (n-1) \times 0.1$（$n \geqslant 2$）。

例 1：某变压器套管损坏三相更换。系数 $= 1 + (3-1) \times 0.1 = 1.2$。

例 2：某变压器三相低压出线烧坏更换。系数 $= 1 + (3-1) \times 0.1 = 1.2$。

（3）杆上变压器更换低压出线检修项目，以"相"为计量单位。

如更换同一变压器低压出线，每增加一相加 0.1 系数。即系数 $= 1 + (n-1) \times 0.1$（$n \geqslant 2$）。

例：某变压器三相低压出线烧坏更换。系数 $= 1 + (3-1) \times 0.1 = 1.2$。

（4）定额中已综合考虑各种条件、情况，不同类型、容量的配电变压器定额不作调整。

（5）环网柜（分支箱、箱变）设备红外线测温套用变压器测温检修定额。

3. 装置性材料

配电变压器导电杆、变压器地名牌、警告牌，变压器高、低压绝缘护套、变压器专用线夹、跳线线夹、铜铝过渡线夹、变压器绝缘套管、压板、密封圈，各类型绝缘导线、镀锌扁钢、接地角铁、绝缘铜线（或裸铜线）。

（二）开关柜

1. 工作内容

开关柜更换、开关柜修理维护、接地电阻测量、接地装置维护、更换，地名牌、编号牌更换、增补，开关柜机构故障处理及试验等。

2. 计算规则

（1）以"台"为计量单位。

（2）同一开闭所、环网柜、临街变、箱式变中更换开关柜，每增加一台加 0.5 系数。即系数＝1＋（n－1）×0.5（n≥2）。

例：某开闭所更换 3 台开关柜。系数＝1＋（3－1）×0.5＝2。

3. 装置性材料

开关柜地名牌、编号牌、镀锌扁钢、接地角铁。

（三）柱上开关

1. 工作内容

柱上开关更换、修理、接地电阻测量、接地引下线维护及更换，地名牌、编号牌更换、增补，柱上开关拉合及故障处理，杂物处理等。

2. 计算规则

（1）以"台"为计量单位。

（2）柱上隔离开关检修套用柱上开关检修定额。

3. 装置性材料

支架、横担、撑角、地名牌、编号牌、跳线线夹、铜铝过渡线夹、镀锌扁钢、接地角铁、绝缘铜线（或裸铜线）。

（四）环网柜、分支箱、美式箱变

1. 工作内容

环网柜体更换、分支箱更换、箱变更换、环网柜（分支箱、箱变）接地电阻测量、环网柜（分支箱、箱变）接地网维护及更换、环网柜（分支箱、箱变）地名、编号牌更换、增补，环网柜（分支箱、箱变）杂物处理等。

2. 计算规则

（1）以"座"为计量单位。

（2）低压分支箱检修定额套用该检修定额乘以 0.8 系数。

（3）分支箱、箱变接地电阻测量、接地网维护及更换、地名、编号牌更换、增补，杂物处理等检修项目套用环网柜相对应的检修定额。

3. 装置性材料

环网柜地名牌、编号牌、镀锌扁钢、接地角铁。

（五）熔断器

1. 工作内容

熔断器更换、熔断器熔丝（熔管）更换，跨接器安装、拆除，熔断器引线更换等。

2. 计算规则

（1）熔断器更换以"组"为计量单位。

（2）本章节熔断器更换是以"组"为单位，如单相损坏更换乘以 0.7 系数、两相损坏更换乘以 0.8 系数。例：某一组熔断器损坏两相，则系数＝定额×0.8。

（3）熔断器熔丝（熔管）更换以"相"为计量单位。

（4）跨接器安装、拆除以"相"为计量单位。

（5）熔断器引线更换以"相"为计量单位。

更换同一熔断器引线或熔断器熔丝（熔管）更换，每增加一相加 0.1 系数。即系数＝ $1+(n-1) \times 0.1$（ $n \geqslant 2$ ）。

例：某变压器三相低引线压烧坏更换。系数＝ $1+(3-1) \times 0.1=1.2$ 。

（6）杆上配变台架导线更换套用熔断器引线检修定额。

（7）柱上开关引线更换套用熔断器引线检修定额。

3. 装置性材料

熔断器、熔断器熔丝（熔管）、跨接器、各类型绝缘导线、跳线线夹、铜铝过渡线夹。

（六）避雷器

1. 工作内容

避雷器更换、避雷器引下线更换等。

2. 计算规则

（1）避雷器更换以"组"为计量单位。

（2）本章节避雷器更换是以"组"为单位，如单相损坏更换乘以 0.7 系数、两相损坏更换乘以 0.8 系数。

例：某一组避雷器损坏两相，则系数＝定额×0.8。

（3）避雷器引下线更换以"组"为计量单位。

（4）过电压保护器检修套用避雷器相应检修定额。

3. 装置性材料

避雷器、镀锌扁钢、接地角铁、绝缘铜线（或裸铜线）。

（七）母线

1. 工作内容

母线更换绝缘子、更换穿墙套管、更换母线等。

2. 计算规则

（1）母线更换绝缘子以"10 只（串）"为计量单位。更换绝缘子按实际数量计算。

（2）更换穿墙套管以"个"为计量单位。

（3）更换母线以"跨/三相"为计量单位。"跨"指相邻两支持绝缘子之间的距离。

3. 装置性材料

悬式绝缘子、户内式支持绝缘子、户外式支持绝缘子、穿墙套管、各规格铜排（裸铝排）或各规格绝缘导线。

（八）低压开关

1. 工作内容

更换杆变低压开关、杆变低压开关、专用线夹更换、低压开关操作机构维护、低压开关拉合及故障处理、低压开关试验等。

2. 计算规则

（1）以"台"为计量单位。

（2）临街变、箱式变中低压开关柜检修套用低压开关检修定额。临街变、箱式变中低压开关柜内低压开关（两路出线）检修套用低压开关检修定额。如一路出线乘以 0.9 系数，两路出线以上乘 1.2 系数。

（3）配电变压器综合测试仪更换套用更换杆变低压开关检修定额。

3. 装置性材料

低压开关、低压开关专用线夹。

（九）房屋清扫与封堵

1. 工作内容

房屋卫生清扫及杂物处理、防火封堵的检修、更新等。

2. 计算规则

（1）房屋清扫以"百平方米"为计量单位，以房屋建筑面积为准。不足 60 平方米按 60 平方米计算，60 平方米以上按实际数量计算。

例：某二座开闭所房屋建筑面积分别为 34 平方米、68 平方米，进行清扫。

其计算方法分别为：建筑面积为 34 平方米开闭所其系数＝定额×0.6＝0.6；建筑面积为 68 平方米开闭所其系数＝定额×（68÷100）＝0.68。

（2）防火封堵检修以"kg"为计量单位。

（3）装置性材料

防火材料及堵料（如防火泥）。

（十）其他相关使用计算规则

（1）配电线路、电缆（10kV 及以下）检修定额套用架空线路、电缆定额中相关部分。

（2）实际检修内容与综合检修定额子目内容一致时，应直接套用综合检修定额子目，不应分解套用单项检修定额子目。

（3）实际检修内容为多项（超过两个检修项目），同地点作业时，增加一个检修项目，套用相应单项检修定额子目时应乘以 0.7 系数。若在不同地点作业，每增加一个检修项目，套用相应单项检修定额子目时乘以 0.9 系数。

（4）实际检修内容为综合检修与部分常规检修之外的单项检修项目时，可分别套用综合常规检修与单项检修定额子目，套用综合常规检修不需要取系数，套用单项检修定额子目时按（3）条执行。

三、定额中未包括的工作内容

（1）本定额未考虑配电线路、电缆（10kV 及以下）检修项目，此类工作可以套用架空线路、电缆定额中相关部分相关章节内容。

（2）本定额未考虑为了保证安全生产和施工所采取的措施费用，此费用可在施工预算中单列。

（3）本定额是按正常的力候、地理、环境条件下检修工作考虑，未考虑冬、雨季、高原、山地等特殊条件下检修的因素。

四、其他说明

（1）考虑配网中变压器容量差别较小，变压器检修定额未按容量分别列入。

（2）开闭所、环网柜、临街变、箱式变中开关柜检修以设备中开关柜台数为计算单位。开闭所、环网柜、临街变、箱式变中开关柜每增加一台加 0.5 系数，临街变、箱式变中低压开关柜检修套用开关定额乘 0.9 系数（1 路出线），两路出线及以上乘 1.2 系数。临街变、箱式变中低压开关柜内低压开关检修套用低压开关检修定额。

（3）柱上隔离开关检修按柱上开关检修定额套用。

（4）环网柜（分支箱、箱变）整体更换、接地电阻测量、接地线维护、更换、地名、编号牌更换、增补、杂物处理套用环网柜、分支箱、箱变定额。

（5）低压分支箱检修定额为高压分支箱检修定额的 0.8 系数。

（6）杆上配变台架中铁板更换套用架空线定额中铁板更换，导线更换套用熔断器引线更换定额。更换杆上变压器低压出线每增加一相加 0.1 系数。

（7）配电线路、电缆（10kV 及以下）检修定额套用架空线路、电缆定额中相关部分。

（8）本定额已考虑了材料在 100m 范围内的场内移运。

（9）实际检修内容与综合检修定额子目内容一致时，应直接套用综合检修定额子目不应分解套用单项检修定额子目。实际检修内容为多项（超过两个检修项目），同地点作业时，增加一个检修项目，套用相应单项检修定额子目时应乘以 0.7 系数。若在不同地点作业，每增加一个检修项目，套用相应单项检修定额子目时乘以 0.9 系数。

（10）实际检修内容为综合检修与部分常规检修之外的单项检修项目时，可分别套用综合常规检修与单项检修定额子目，套用综合常规检修不需要取系数，套用单项检修定额子目时按 9 条执行。

（11）环网柜更换后试验可参照开关柜试验，箱变试验可参照变压器试验（8.1.1.2）

（12）架空线路检修后核相可参照电缆核相定额。

（13）（环网柜更换后试验可参照开关柜试验）箱变试验可参照变压器试验（8.1.1.2）

（14）环网柜、分支箱、美式箱变实际检修工作中，如：更换电缆附件、电缆插件等可参照电缆检修定额 2.2.1.2。

（15）避雷器、熔断器、真空开关、隔离开关等配电设备加装绝缘防护类工作定额，可参照变压器高低压绝缘护套维护、增补。

（16）配电变压器检修定额未按变压器容量分别计列。变压器容量参照 315kVA，容量上下浮动按 5% 增减来考虑。

（17）架空线路零星的杆塔、导线更换的工作，可参照基建定额编制。

3.1 变压器

3.1.1 杆上变压器更换

工作内容：原有变压器拆除、新上变压器安装、检查、调整、接线、接地。

定额编号			JX3－001
项目			杆上变压器更换
电压等级			10kV
基价/元			1727.95
其他	人工费/元		480.00
	材料费/元		365.44
	机械费/元		882.51
	名称	单位	单价/元	数量
人工	综合工日	工日	80	6.00
材料	垫片（综合）	kg	21.5	0.20
	垫片（综合）	kg	21.5	0.20
	弹簧垫片综合	kg	11	0.20
	镀锌六角螺栓（综合）	kg	23	1.00
	自粘带	盘	9	6.00
	电力复合脂	支	46.9	0.00
	配变专用线夹	只	42.5	0.00
	裸铜线	kg	70	0.00
	镀锌铁丝（综合）	kg	23	5.00
	凡士林	kg	18	1.00
	绝缘密封泥	盒	35	3.00
	汽油（80号以上）	kg	7.04	1.00
	破布	kg	12	0.20
	棉纱头	kg	10	0.30
	白毛巾	块	5.5	0.00
	标号笔	支	9	0.50
	洗手液	瓶	13	0.30
	手套	付	2.8	6.00
	漆刷	把	5	0.00
	钢锯条（综合）	根	1	2.00
机械	汽车式起重机（8t以内）	台班	443.23	1.00
	载重汽车（5t以内）	台班	239.28	1.00
	电动液压压接机	台班	200	1.00

3.1.2 站所内变压器更换

工作内容：原有变压器拆除，新上变压器安装、检查、调整、接线、接地。

		定额编号			JX3－002
		项目			站所内变压器更换
		电压等级			10kV
		基价/元			1806.75
其他		人工费/元			640.00
		材料费/元			409.24
		机械费/元			757.51
	名称		单位	单价/元	数量
人工	综合工日		工日	80	8.00
材料	垫片（综合）		kg	21.5	0.20
	垫片（综合）		kg	21.5	0.20
	弹簧垫片综合		kg	11	0.20
	镀锌六角螺栓（综合）		kg	23	1.00
	自粘带		盘	9	6.00
	电力复合脂		支	46.9	2.00
	电焊条（综合）		kg	8.25	1.00
	红丹防锈漆		kg	15	0.20
	普通调和漆		kg	17.75	0.20
	配变专用线夹		只	42.5	1.00
	裸铜线		kg	70	0.00
	镀锌铁丝（综合）		kg	23	1.00
	凡士林		kg	18	1.00
	绝缘密封泥		盒	35	3.00
	汽油（80号以上）		kg	7.04	1.00
	破布		kg	12	1.00
	棉纱头		kg	10	1.00
	砂纸		张	3.83	0.00
	白毛巾		块	5.5	0.00
	标号笔		支	9	0.50
	洗手液		瓶	13	0.30
	手套		付	2.8	8.00
	漆刷		把	5	1.00
	钢锯条（综合）		根	1	2.00
机械	汽车式起重机（8t以内）		台班	443.23	1.00
	载重汽车（5t以内）		台班	239.28	1.00
	交流电焊机（21kVA以内）		台班	75	1.00

3.1.3　变压器吊芯

工作内容：变压器吊芯、检查。

定额编号			JX3-003
项目			变压器吊芯
电压等级			10kV
基价/元			1251.08
其他	人工费/元		320.00
	材料费/元		391.80
	机械费/元		539.28
名称		单位	单价/元	数量
人工	综合工日	工日	80	4.00
材料	垫片（综合）	kg	21.5	0.20
	垫片（综合）	kg	21.5	0.20
	镀锌六角螺栓（综合）	kg	23	1.00
	机械油	kg	20	1.00
	电力复合脂	支	46.9	2.00
	密封圈（综合）	套	10	4.00
	砂布	张	10	0.50
	棉纱头	kg	10	1.00
	白毛巾	块	5.5	0.00
	洗手液	瓶	13	0.30
	手套	付	2.8	4.00
	毛刷	把	5	0.00
	防锈松动剂	瓶	45	0.00
	漏斗	个	13	0.10
	油桶	个	150	0.10
	变压器油（25号）	kg	16	10.00
机械	载重汽车（5t以内）	台班	239.28	1.00
	除湿机	台班	300	1.00
	电动空气压缩机	台班	425	0.00

3.1.4　变压器采油样

工作内容：变压器采油样。

定额编号			JX3－004
项目			变压器采油样
电压等级			10kV
基价/元			104.73
其他	人工费/元		40.00
	材料费/元		40.80
	机械费/元		23.93
	名称	单位	单价/元	数量

	名称	单位	单价/元	数量
人工	综合工日	工日	80	0.50
材料	密封胶水	支	20	0.50
	厌氧胶	支	25	0.50
	棉纱头	kg	10	0.10
	白毛巾	块	5.5	1.00
	洗手液	瓶	13	0.30
	手套	付	2.8	0.50
	漏斗	个	13	0.20
	油样瓶	个	19.5	0.20
机械	载重汽车（5t 以内）	台班	239.28	0.10

3.1.5 变压器地名、警告牌更换、增补

工作内容：变压器地名、警告牌检查、更换、增补。

定额编号			JX3－005
项目			变压器地名、警告牌更换、增补
电压等级			10kV
基价/元			74.33
其他	人工费/元		40.00
	材料费/元		4.40
	机械费/元		29.93

	名称	单位	单价/元	数量
人工	综合工日	工日	80	0.50
材料	扎线	kg	10	0.30
	手套	付	2.8	0.50
机械	人力钻孔机	台班	60	0.10
	载重汽车（5t 以内）	台班	239.28	0.10

3.1.6　变压器接地电阻测量

工作内容：测量变压器接地电阻。

定额编号				JX3－006
项目				变压器接地电阻测量
电压等级				10kV
基价/元				82.21
其他	人工费/元			48.00
	材料费/元			15.34
	机械费/元			18.86
	名称	单位	单价/元	数量
人工	综合工日	工日	80	0.60
材料	垫片（综合）	kg	21.5	0.02
	垫片（综合）	kg	21.5	0.02
	镀锌六角螺栓（综合）	kg	23	0.20
	红丹防锈漆	kg	15	0.02
	普通调和漆	kg	17.75	0.02
	汽油（80号以上）	kg	7.04	0.04
	砂纸	张	3.83	0.20
	白毛巾	块	5.5	0.20
	标号笔	支	9	0.10
	洗手液	瓶	13	0.10
	手套	付	2.8	0.60
	漆刷	把	5	0.10
	防锈松动剂	瓶	45	0.06
机械	接地电阻测量仪（线路用）	台班	34.5	0.20
	载重汽车（5t以内）	台班	239.28	0.05

3.1.7　杆上变压器接地引下线维护、更换

工作内容：变压器接地引下线检查、原引下线拆除，下料、测位、打眼、固定、刷漆。

定额编号			JX3-007
项目			杆上变压器接地引下线维护、更换
电压等级			10kV
基价/元			359.57
其他	人工费/元		120.00
	材料费/元		182.68
	机械费/元		56.89
名称	单位	单价/元	数量
人工	综合工日	工日	80	1.50
材料	垫片（综合）	kg	21.5	0.10
	垫片（综合）	kg	21.5	0.10
	弹簧垫片综合	kg	11	0.10
	电焊条（综合）	kg	8.25	0.50
	二硫化钼润滑脂（锂基脂）	kg	182.5	0.50
	红丹防锈漆	kg	15	0.20
	镀锌扁钢（综合）	kg	8.5	0.00
	接地极	块	70	0.00
	裸铜线	kg	70	0.00
	普通调和漆	kg	17.75	0.20
	汽油（80号以上）	kg	7.04	0.50
	砂纸	张	3.83	1.00
	棉纱头	kg	10	0.20
	标号笔	支	9	0.50
	洗手液	瓶	13	0.30
	手套	付	2.8	2.00
	漆刷	把	5	1.00
	防锈松动剂	瓶	45	1.00
	钢锯条（综合）	根	1	2.00
机械	交流电焊机（21kVA以内）	台班	75	0.20
	人力钻孔机	台班	60	0.10
	载重汽车（5t以内）	台班	239.28	0.15

3.1.8 变压器高低压绝缘护套维护、增补

工作内容：变压器高低压绝缘护套维护、增补。

定额编号				JX3－008
项目				变压器高低压绝缘护套维护、增补
电压等级				10kV
基价/元				187.49
其他	人工费/元			120.00
	材料费/元			31.60
	机械费/元			35.89
	名称	单位	单价/元	数量
人工	综合工日	工日	80	1.50
材料	自粘带	盘	9	2.00
	白毛巾	块	5.5	1.00
	洗手液	瓶	13	0.30
	手套	付	2.8	1.50
机械	载重汽车（5t以内）	台班	239.28	0.15

3.1.9　杆上变压器专用线夹更换

工作内容：变压器专用线夹拆除及安装。

定额编号				JX3－009
项目				杆上变压器专用线夹更换
电压等级				10kV
基价/元				156.46
其他	人工费/元			64.00
	材料费/元			44.61
	机械费/元			47.86
	名称	单位	单价/元	数量
人工	综合工日	工日	80	0.80
材料	垫片（综合）	kg	21.5	0.04
	弹簧垫片综合	kg	11	0.04
	镀锌六角螺栓（综合）	kg	23	0.20
	自粘带	盘	9	1.60
	电力复合脂	支	46.9	0.20
	汽油（80号以上）	kg	7.04	0.20
	白毛巾	块	5.5	0.20
	洗手液	瓶	13	0.06
	手套	付	2.8	0.80
	防锈松动剂	瓶	45	0.20
	钢锯条（综合）	根	1	0.40
机械	载重汽车（5t以内）	台班	239.28	0.20

3.1.10 变压器更换套管、压板、密封圈

工作内容：变压器更换套管、压板、密封圈。

定额编号			JX3-010
项目			变压器更换套管、压板、密封圈
电压等级			10kV
基价/元			511.17
其他	人工费/元		160.00
	材料费/元		206.14
	机械费/元		145.03
名称		单位	单价/元	数量

	名称	单位	单价/元	数量
人工	综合工口	工口	80	2.00
材料	垫片（综合）	kg	21.5	0.05
	镀锌六角螺栓（综合）	kg	23	0.15
	环氧复合胶	支	30	0.50
	厌氧胶	支	25	1.00
	自粘带	盘	9	1.00
	电力复合脂	支	46.9	0.50
	标号笔	支	9	0.50
	汽油（80号以上）	kg	7.04	1.00
	砂布	张	10	0.30
	棉纱头	kg	10	0.20
	白毛巾	块	5.5	1.00
	白布	平方米	7.25	0.50
	洗手液	瓶	13	0.30
	手套	付	2.8	2.00
	变压器油（25号）	kg	16	5.00
	防锈松动剂	瓶	45	0.30
	塑料袋	个	0.5	1.00
机械	载重汽车（5t以内）	台班	239.28	0.23
	除湿机	台班	300	0.30

3.1.11　杆上变压器更换低压出线
工作内容：杆上变压器低压出线拆除、新装。

定额编号				JX3－011
项目				杆上变压器 更换低压出线
电压等级				10kV
基价/元				206.22
其他	人工费/元			64.00
	材料费/元			47.86
	机械费/元			94.36
	名称	单位	单价/元	数量
人工	综合工日	工日	80	0.80
材料	垫片（综合）	kg	21.5	0.05
	弹簧垫片综合	kg	11	0.05
	镀锌六角螺栓（综合）	kg	23	0.40
	自粘带	盘	9	1.00
	电力复合脂	支	46.9	0.10
	扎线	kg	10	0.00
	跳线线夹（综合）	只	25	0.00
	汽油（80号以上）	kg	7.04	0.10
	棉纱头	kg	10	0.20
	白毛巾	块	5.5	0.00
	洗手液	瓶	13	0.30
	手套	付	2.8	0.80
	防锈松动剂	瓶	45	0.30
	钢锯条（综合）	根	1	1.00
机械	载重汽车（5t以内）	台班	239.28	0.06
	电动液压压接机	台班	200	0.40

3.1.12 变压器测温

工作内容：变压器测温。

定额编号			JX3－012
项目			变压器测温
电压等级			10kV
基价/元			54.69
其他	人工费/元		24.00
	材料费/元		1.65
	机械费/元		29.04
	名称	单位	单价/元	数量
人工	综合工日	工日	80	0.30
材料	白毛巾	块	5.5	0.30
机械	红外测温仪（点温仪）	台班	17.04	0.30
	载重汽车（5t以内）	台班	239.28	0.10

3.1.13 杆上变压器杂物处理

工作内容：清除杆上变压器上杂物。

定额编号			JX3－013
项目			杆上变压器杂物处理
电压等级			10kV
基价/元			79.46
其他	人工费/元		60.00
	材料费/元		5.10
	机械费/元		14.36
	名称	单位	单价/元	数量
人工	综合工日	工日	80	0.75
材料	棉纱头	kg	10	0.30
	白毛巾	块	5.5	0.00
	洗手液	瓶	13	0.00
	手套	付	2.8	0.75
机械	载重汽车（5t以内）	台班	239.28	0.06

附录 B：国家电网公司电网设备检修工程预算编制与计算标准（试行）

目　录

1　总则

1.1　为规范国家电网公司电网设备检修工程预算编制、竣工结算，统一电网设备检修工程预算的内容组成、费用分类及计算口径，合理确定检修工程费用，并为正确处理有关各方的经济利益提供依据，特制定本标准。

1.2　本标准参照中华人民共和国国家发展和改革委员会发布的《电网工程建设预算编制与计算标准》（发改办能源〔2007〕1808 号文），根据输变电设备检修规程，结合电网公司电网设备检修的行业特点、检修工艺，检修实际状况而制定。

1.3　本标准适用于公司所辖输电、变电、配电（10～750kV 电压等级）电网内的一、二次设备检修工程项目。

1.4　本标准所称检修工程预算是指电网设备检修工程项目的计划申报估算及检修工程的施工（图）预算。

1.5　继电保护、通信、自动化等检修工程预算编制工作可参照本标准变电检修工程取费标准及编制办法执行。

1.6　禁止通过电网设备检修工程预算进行乱收费。根据检修工程实际情况，在本标准之外确有新增费用项目的，必须报经项目主管部门批准。

2　检修预算费用构成

2.1　电网设备检修工程预算费用的构成

由建筑修缮费、检修工程费、部件购置费、其他费用构成。即：

电网设备检修工程预算费＝建筑修缮费＋检修工程费＋部件购置费＋其他费用

其中建筑修缮费按照各地现行的《房屋修缮定额》、《装饰定额》等专业定额及配套的有关计算标准及规定执行，本标准中不再表述。

2.2　检修工程费的构成

2.2.1　直接费

1. 直接工程费

（1）人工费。

（2）材料费。

（3）施工机械使用费。

2．措施费

（1）冬雨季施工增加费。

（2）夜间施工增加费。

（3）施工工具用具使用费。

（4）特殊地区施工增加费。

（5）临时设施费。

2.2.2　间接费

1．规费

（1）社会保障费。

（2）住房公积金。

（3）危险作业意外伤害保险费。

2．企业管理费

2.2.3　利润

2.2.4　税金

2.3　电网设备部件购置费

2.4　其他费用的构成

2.4.1　检修场地租用费及清理费

（1）检修场地租用费。

（2）清理补偿费。

2.4.2　设计费

2.4.3　特殊试验费

2.4.4　检修安全措施费

2.4.5　招标管理费

2.4.6　检修预备费

3　检修工程费计算标准

3.1　检修工程费

检修工程费是指电网设备检修生产过程中直接消耗在特定产品对象上的有关费用。它由直接费、间接费、利润、税金组成。公司自营检修项目时，检修工程费不计列人工费、机械费（指自有机械、仪表）、间接费、利润、税金。计算公式：

外包检修工程：检修工程费＝直接费＋间接费＋利润＋税金

自营检修工程：检修工程费＝直接工程费中的材料费、租赁机械仪表费＋措施费

3.2　直接费

直接费是指电网设备检修施工过程中直接消耗在检修对象上的各项费用。它包括直接工程费、措施费。计算公式：

直接费＝直接工程费＋措施费

3.3　直接工程费

直接工程费包括人工费、材料费和施工机械使用费。计算公式：

直接工程费＝人工费＋材料费＋施工机械使用费

3.3.1　人工费

人工费是指直接从事电网设备检修施工的生产工人开支的各项费用。

人工费按照《国家电网公司电网设备检修成本定额（试行）》所规定的标准计算。

3.3.2　材料费

材料费是指检修施工过程中消耗性的原材料、辅助材料、构配件、零件、半成品，以及检修过程中一次性消耗材料及摊销材料的费用。材料费包括装置性材料费和消耗性材料费两部分。

装置性材料费为未计价材料，按照招标价或市场价计列。消耗性材料费按《国家电网公司电网设备检修成本定额（试行）》标准计价。

装置性材料费包括：材料原价（按供应价计算）；包装费、采购及保管费；材料自来源地运至工地仓库或指定堆放地点的装卸费、运输费及运输路途损耗。

3.3.3　施工机械使用费

施工机械使用费是指使用施工机械作业所发生的机械台班费及机械安装、拆卸、场外运输和仪器仪表使用等费用。内容包括：折旧费、大修费、经常修理费、安拆费及场外运输费、燃料动力费、操作人员人工费、车船使用税及保险费、仪器仪表校验费。

凡《国家电网公司电网设备检修成本定额（试行）》已给定价格标准的施工机械，均应按定额标准计价，定额未给定价格标准的施工机械，参照市场租用价格计算。

3.4　措施费

措施费是指直接工程费以外，施工前或过程中发生的其他相关费用。计算公式：

措施费＝冬雨季施工增加费＋夜间施工增加费＋施工工具用具使用费＋特殊地区施工增加费＋临时设施费

3.4.1　冬雨季施工增加费

冬雨季施工增加费是指户外变电、配电及线路电网设备在冬雨季期间连续施工需要增加的费用。包括为确保工程质量而需在定额外采取的冬季施工的防风、养护、采暖措施所发生的费用；雨季防雨、防潮所增加的费用。计算公式：

冬雨季施工增加费＝直接工程费×费率（％）（见表1）

表1　　　　　　　　　　　检修工程冬雨季施工增加费　　　　　　　　　　％

地区分类	I	II	III	IV	V
变电检修	2.8	3.6	5.6	6.2	8.1
架空线路检修	1.7	2.3	3.0	3.8	5.0
电缆线路检修	1.4	1.7	2.6	3.5	3.9
配电检修	2.3	2.9	4.3	5.04	6.6

地区分类表见表 2。

表 2   地 区 分 类 表

地区分类	省、自治区、直辖市名称
Ⅰ	上海、江苏、安徽、浙江、福建、江西、湖南、湖北
Ⅱ	北京、天津、山东、河南、河北（张家口、承德以南地区）、四川（甘孜、阿坝州除外）、重庆
Ⅲ	辽宁（盖县及以南）、陕西（榆林以南地区）、山西、河北（张家口、承德以北）
Ⅳ	辽宁（盖县及以北）、陕西（榆林及以北地区）内蒙古（锡林郭勒盟锡林浩特市以南各盟、市、旗、不含阿拉善盟）、新疆（伊犁及哈密地区以南）、吉林、甘肃、宁夏、四川（甘孜、阿坝州）
Ⅴ	黑龙江、青海、西藏、新疆（伊犁及哈密地区以北，含伊犁哈密）、内蒙古除四类地区以外的其他地区

3.4.2 夜间施工增加费

夜间施工增加费是指电网设备检修工程要求必须在夜间连续进行施工而额外增加的施工直接费。包括夜餐津贴、工效降低以及安全照明设备所需的费用。计算公式：

夜间施工增加费＝直接工程费×1.3%

3.4.3 施工工具用具使用费

施工工具用具使用费是指电网设备检修工程施工生产、检验、试验部门所需不属于固定资产的工具用具的购置、摊销和维护费用。计算公式：

施工工具用具使用费＝直接工程费×费率（%）（见表 3）

表 3   施工工具用具使用费

工程类别	变电检修	输电工程		配电检修
		架空线路检修	电缆线路检修	
费率/%	2.2	1.8	1.6	1.8

3.4.4 特殊地区施工增加费

特殊地区施工费是指工程所在地处于高海拔（指平均海拔 3000m 以上地区）、高纬度寒冷（指北纬 45°以北地区）、酷热（指面积在 $1×10^4 km^2$ 以上的沙漠地区，以及新疆吐鲁番地区），因特殊的自然条件影响而需额外增加的施工直接费用。计算公式：

特殊地区施工增加费＝直接工程费×费率（见表 4）

表 4   特殊地区施工增加费费率

工程别类	高海拔地区	高纬度寒冷地区	酷热地区
费率/%	2.60	2.22	1.90

3.4.5 临时设施费

临时设施费是指为进行电网设备检修时，工程施工所必需设置的作业棚、简易料棚，不固定的水、电管线等设备的搭、拆及折旧摊销费用。计算公式：

临时设施费＝直接工程费×费率（见表5）

表5	临 时 设 施 费 费 率				%
地区分类	Ⅰ	Ⅱ	Ⅲ	Ⅳ	Ⅴ
变电工程	2.26	2.59	2.73	3.05	3.33
架空线路工程	1.75	1.83	1.90	2.04	2.39
电缆线路工程	5.34	5.99	6.85	7.51	8.28
配电工程	2.00	2.23	2.35	2.63	2.88

3.5　间接费

间接费是指电网设备检修生产过程中，为全工程项目服务而不直接耗用在特定产品对象上的有关费用，由规费、企业管理费组成。计算公式：

间接费＝规费＋企业管理费

3.6　规费

规费是指政府和有关部门规定必须缴纳的费用。电力工程应计列的规费内容主要包括：社会保障费、住房公积金和危险作业意外伤害保险费。

3.6.1　社会保障费

社会保障费是指按照国家建立社会保障体系的有关要求，检修施工企业必须为职工缴纳的保险、保障费用，由养老保险费、失业保险费和医疗保险费组成。

养老保险费：是指企业按国家规定为职工缴纳的基本养老保险费。

失业保险费：是指企业按国家规定标准为职工缴纳的失业保险费。

医疗保险费：是指企业按国家规定标准为职工缴纳的医疗保险费。

计算标准：

检修工程社会保障费＝人工费×1.6×工程所在地政府部门公布的缴费费率

架空输、配电线路工程社会保障费＝人工费×1.12×缴费费率

电缆线路及光缆线路工程社会保障费＝人工费×1.2×缴费费率

缴费费率为养老保险费、失业保险费、医疗保险费之和。

3.6.2　住房公积金

住房公积金是指企业按规定标准为职工缴纳的费用。计算标准：

检修工程住房公积金＝人工费×1.6×工程所在地政府部门公布的缴费费率

架空输、配电线路工程住房公积金＝人工费×1.12×住房公积金缴费费率

电缆线路及光缆线路工程住房公积金＝人工费×1.2×住房公积金缴费费率

3.6.3　危险作业意外伤害保险费

危险作业意外伤害保险费是指企业为从事危险作业的检修施工人员支付的意外伤害保险费。计算标准：

检修工程危险作业意外伤害保险费＝人工费×2.31％

输电线路、光缆线路检修工程危险作业意外伤害保险费＝人工费×2.53％

3.7　企业管理费

企业管理费是指电网设备检修施工企业为组织施工生产经营活动所发生的管理费用。包括：

（1）管理人员的基本工资、辅助工资、工资性补贴及按规定标准计提的职工福利费。

（2）交通差旅费：包括企业职工因公出差，工作调动的差旅费、住勤补助费，市内交通及误餐补助费，职工探亲路费，劳动力招募费，离退休职工一次性路费及交通工具油料、燃料费等。

（3）办公费：包括企业办公用文具、纸张、账表、印刷、邮电、书报、会议、水、电及燃煤（力）等费用。

（4）固定资产折旧、修理费：包括企业属于固定资产的房屋、电网设备仪器等折旧及维修费用。

（5）工具用具使用费：指企业管理使用不属于固定资产的工具、用具、家具、检验、试验、消防的摊销及维修费用。

（6）劳动补贴费：包括企业支付离退休职工的补贴、医药费、异地安家补助费、职工退职金，6个月以上病号人员工资，职工死亡丧葬补助费、抚恤费、按规定支付给离休干部的各项经费。

（7）保险费：指企业财产保险、管理用车辆保险费用。

（8）税金：指企业按规定交纳的房产税、车船使用税、土地使用税及印花税等。

（9）其他：包括技术转让费、技术开发费、业务招待费、排污费、绿化费、广告费、公证费、法律顾问费、审计费及咨询费等。

计算标准：

变、输、配电检修工程企业管理费＝直接工程费×费率（见表6）

表6	检修工程企业管理费费率			％
工程类别	变电检修	输电工程		配电检修
		架空线路检修	电缆线路检修	
费率	29.6	18.2	19.2	14.6

3.8 利润

利润是指按电网设备检修市场情况应计入电网设备检修工程造价的利润。

计算标准：

变电设备检修工程利润＝（直接费＋间接费）×6％

输、配电设备检修工程利润＝（直接费＋间接费）×5％

3.9 税金

税金指按国家税法规定向施工企业承建电网设备检修工程所征收的营业税、城市维护建设税及教育费附加。计算标准：

送变电电网设备检修工程税金＝（直接费＋间接费＋利润）×税率

税率按当地税务部门规定计列。

4 部件购置费计算标准

4.1 电网设备部件购置费

电网设备的检修一般只发生材料费，当检修需更换部分部件时，计列此项费用。

部件购置费＝部件原价＋部件运杂费

4.2　部件原价

根据市场供货情况及供货价格计算。

4.3　部件运杂费

部件运杂费＝部件原价×部件运杂费率

部件运杂费一般指采购设备部件自生产厂家（或指定交货地点）运至检修现场指定位置所发生的费用，包括运输费、上下装卸费、采购保管费、运输保险费。电网设备返厂（或检修基地）检修发生的装卸、运输费，根据实际情况在其他费用中单列。

设备部件的运杂费率见表7。

表7　　　　　　　　　　　　　部 件 运 杂 费 率

序号	适 用 地 区	费率/%
1	上海、天津、北京、辽宁、江苏	3.0
2	浙江、安徽、山东、山西、河南、河北、黑龙江、吉林、湖南、湖北	3.2
3	陕西、江西、福建、四川、重庆	3.5
4	宁夏、甘肃（武威及以东）	3.8
5	新疆、青海、甘肃（武威以西）、内蒙古	4.5
6	西藏	具体测算

5　其他费用计算标准

5.1　其他费用

其他费用是指完成电网设备检修项目所需的不属于电网设备检修工程费及设备部件购置费的有关费用。包括检修场地租用及清理费，检修安全措施管理费、设计费。计算公式：

其他费用＝检修场地租用及清理费＋设计费＋特殊试验费＋检修安全措施费＋招标管理费＋预备费

5.2　检修场地租用及清理费

电网设备检修场地租用及清理费是指为实现电网设备检修工程所需场地的临时使用要求而发生的有关费用。由电网设备检修场地租用（临时用地）费、设备清理补偿费组成。

5.2.1　电网设备检修场地租用费

电网设备检修场地租用费是指为满足电网设备检修场地需要按有关规定对租用场地应支付的有关租赁费。按批准的租借数量及工程所在地政府主管部门规定的有关标准计算。

5.2.2　清理补偿费

清理补偿费是指对电网设备检修场地范围内的原有设备（建筑物、构筑物、电力线路、通信线路、公路、地下管道、坟墓、林木、绿化、青苗等）因检修工作需要而必须发生的清理及补偿费用。按当地有关的补偿标准计算。

5.3　设计费

设计费是指检修工程项目必须进行设计所发生的费用。包括：现场踏勘和方案设计、检修施工图设计等所发生的设计费用。计算标准：

设备检修设计费＝（设备检修工程费＋电网设备部件购置费）×6%

5.4　特殊试验费

特殊试验费是指设备检修后需进行的特殊试验所发生的费用。试验内容及费用计费标准见《国家电网公司电网设备检修成本定额（试行）》电力试验章节的编制说明。

5.5　检修安全措施费

检修安全措施费是指为保证检修工程顺利进行，并按电力行业安全规程要求采取的特殊安全措施的费用。计算公式：

检修安全措施费＝直接费×费率（见表8）

表8　　　　　　　　　　　检修施工安全措施费费率　　　　　　　　　　　%

工程类别	变电检修	架空线路	电缆线路	配电检修
费率	3.5	1.8	1.6	2.3

5.6　招标管理费

招标管理费是指检修工程项目的设计、部件、材料采购、施工、监理招标过程中所发生的费用，包括标书编写费、专家咨询评审费、评标期间澄清、阅标、评标等发生的管理费。计算标准：

招标管理费参照原国家发展计划委员会计价格〔2002〕1980号执行（见表9）。

表9　　　　　　　　　　　　招　标　管　理　费　率

中标金额/万元	货物招标	服务招标	工程招标
100 以下	1.5	1.5	1.0
100～500	1.1	0.8	0.7
500～1000	0.8	0.45	0.55
1000～5000	0.5	0.25	0.35

注　1. 单独委托编制招标文件（指施工标书与标底及技术规范书）服务的，可按规定标准的30%计费。
　　2. 招标管理费按差额定率累进法计算。

5.7　检修预备费

检修预备费是用于检修过程中难以预见的而可能发生的新增项目、项目方案变更而发生的合理费用。检修费用预算编制时，网省公司及同等单位可留检修预备费，动用检修预备费需上报国家电网公司主管部门批准后方可动用。计算标准：

检修预备费＝（建筑修缮费＋检修工程费＋部件购置费＋其他费用）×2%

6　附则

6.1　本标准为国家电网公司企业标准

6.2　本标准自印发之日起执行

附表一　　　　　　　　　　电网设备检修工程总预算表　　　　　　　　单位：万元

序号	检修工程或费用名称	建筑修缮费	部件购置费	检修工程费	其他工程费	合计	各项占总费用/%
一	检修工程						
（一）	变（输、配）电检修工程						
	小计						
二	编制年价差						
三	其他费用						
	合计						

注　1. 本表适用于变电、输电、配电等一、二次专业电网设备的检修工程。
　　2. 本表的金额均以万元为单位，保留小数两位。
　　3. 编制年价差包括部件、人工、材料、机械。

附表二　　　　　　　　　　电网设备检修建筑修缮单位工程预算表

序号	编制依据	项目名称及规范	单位	数量	单价/元	合价/元

注　1. 编制本表时，在编制依据栏内注明采用定额的编号，采用其他资料时请注明"参×工程"、"补"、"估"或相应字样，不能遗漏。
　　2. 本表按变、输、配专业以及检修定额的章节排列。
　　3. 本表单价栏可以有两位小数，合价不留小数，有小数四舍五入。

附表三　　　　　　　　　　　　　**电网设备检修单位工程预算表**

序号	编制依据	项目名称及规范	单位	数量	单价/元				合价/元			
					部件	装置性材料	检修工程费	其中人工	部件	装置性材料	检修工程费	其中人工

注　1. 编制本表时，在编制依据栏内注明采用定额的编号，采用其他资料时请注明"参×工程"、"补"、"估"或相应字样，不能遗漏。

　　2. 本表按变、输、配专业以及检修定额的章节排列。

　　3. 本表单价栏可以有两位小数，合价不留小数，有小数四舍五入。

　　4. 如为主业人员自营项目，先按预算计算办法完后再扣除人工等有关的费用。

附表四　　　　　　　　　　　　　**其 他 费 用 计 算**

序号	检修工程或费用名称	编制依据及计算说明	总价/元

注　各项费用必须写明编制和计算依据，以及必要的计算方法和说明。

参 考 文 献

[1]   吴秋瑞.电力工程概预算 [M].北京：中国电力出版社，2011.
[2]   李在国，乔新国.实用电力工程概预算 [M].北京：中国电力出版社，2004.
[3]   张涛.电力工程监理手册 [M].北京：机械工业出版社，2007.
[4]   韩轩.电力工程施工监理实用手册 [M].北京：中国电力出版社，2005.
[5]   逄凌滨.电力工程监理细节 100 [M].北京：中国建材工业出版社，2008.
[6]   仲景冰.工程项目管理 [M].武汉：华中科技大学出版社，2009.
[7]   成虎，虞华.工程合同管理（第二版）[M].北京：中国建筑工业出版社，2011.
[8]   郭宝辉，孟祥泽.电力建设工程合同管理实务 [M].北京：中国水利水电出版社，2009.
[9]   张加篁.工程招投标与合同管理 [M].北京：中国电力出版社，2011.
[10]   马晓国，林敏.电力工程项目管理 [M].北京：中国电力出版社，2012.
[11]   万和.电力工程项目管理与造价原理 [M].北京：中国电力出版社，2010.